全世界孩子最喜爱的大师趣味科学丛书③

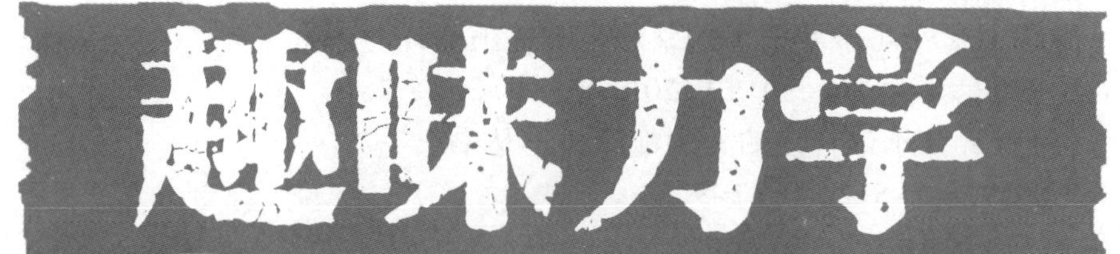

趣味力学

ENTERTAINING MECHANICS

〔俄〕雅科夫·伊西达洛维奇·别莱利曼◎著　　项　丽◎译

中国妇女出版社

图书在版编目（CIP）数据

趣味力学 /（俄罗斯）别莱利曼著；项丽译. —北京：中国妇女出版社，2015.1 (2019.8重印)

（全世界孩子最喜爱的大师趣味科学丛书）

ISBN 978-7-5127-0947-8

Ⅰ.①趣… Ⅱ.①别… ②项… Ⅲ.①力学—青少年读物 Ⅳ.①O3-49

中国版本图书馆CIP数据核字（2014）第238414号

趣味力学

作　　者：〔俄〕雅科夫·伊西达洛维奇·别莱利曼　著　项丽　译
责任编辑：应　莹
封面设计：尚世视觉
责任印制：王卫东
出版发行：中国妇女出版社
地　　址：北京东城区史家胡同甲24号　　邮政编码：100010
电　　话：（010）65133160（发行部）　　65133161（邮购）
网　　址：www.womenbooks.cn
经　　销：各地新华书店
印　　刷：三河市人民印务有限公司
开　　本：170×235　1/16
印　　张：14.5
字　　数：167千字
版　　次：2015年1月第1版
印　　次：2019年8月第20次
书　　号：ISBN 978-7-5127-0947-8
定　　价：36.00元

编者的话

“全世界孩子最喜欢的大师趣味科学”丛书是一套适合青少年科学学习的优秀读物。丛书包括科普大师别莱利曼的6部经典作品，分别是：《趣味物理学》《趣味物理学（续篇）》《趣味力学》《趣味几何学》《趣味代数学》《趣味天文学》。别莱利曼通过巧妙的分析，将高深的科学原理变得简单易懂，让艰涩的科学习题变得妙趣横生，让牛顿、伽利略等科学巨匠不再遥不可及。另外，本丛书对于经典科幻小说的趣味分析，相信一定会让小读者们大吃一惊!

由于写作年代的限制，本丛书还存在一定的局限性。比如，作者写作此书时，科学研究远没有现在严谨，书中存在质量、重量、重力混用的现象；有些地方使用了旧制单位；有些地方用质量单位表示力的大小，等等。而且，随着科学的发展，书中的很多数据，比如，某些最大功率、速度等已有很大的改变。编辑本丛书时，我们在保持原汁原味的基础上，进行了必要的处理。此外，我们还增加了一些人文、历史知识，希望小读者们在阅读时有更大的收获。

在编写的过程中，我们尽了最大的努力，但难免有疏漏，还请读者提出宝贵的意见和建议，以帮助我们完善和改进。

目录

Chapter 1　力学的基本原理 → 1

两枚鸡蛋碰撞，哪个会碎掉 → 2
木马旅行记 → 5
常识与力学 → 6
甲板上的对峙 → 8
风洞实验 → 10
给疾驰的车厢加水 → 11
如何准确理解惯性定律 → 14
作用力和反作用力 → 17
两匹马的拉力读数 → 19
哪艘游艇先靠岸 → 20
人和机车行进之谜 → 22
“怪铅笔”实验 → 24
“克服惯性”是怎么回事 → 26
火车的启动和匀速前进 → 27

Chapter 2　运动与力学 → 29

力学的基本公式 → 30
步枪能产生多大的后坐力 → 33
日常经验和科学知识 → 36
从月球发射的大炮 → 37
海底射击可以实现吗 → 40
我们可以推动地球吗 → 42
发明家陷入的误区 → 46
飞行中的火箭，重心在哪里 → 49

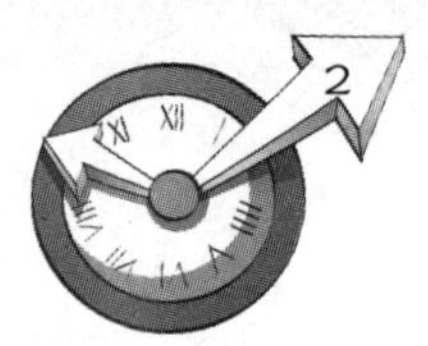

Chapter 3　重力现象 → 51

悬锤和摆的神奇作用 → 52

在水里的摆如何摆动 → 55

在斜面上下滑的容器 → 56

为什么“水平线”不水平 → 58

有磁力的山 → 63

“流向高处”的河水 → 65

铁棒会停在什么位置 → 67

Chapter 4　下落与抛掷 → 69

“七里靴”与“跳球” → 70

“肉弹表演” → 76

飞跃危桥 → 82

三条轨道 → 84

投掷石头的问题 → 87

两块石头的问题 → 88

球能飞多高 → 89

Chapter 5　圆周运动 → 91

什么是向心力 → 92

如何推算“第一宇宙速度” → 95

超简便的增重法 → 97

存在安全隐患的旋转飞机 → 100

铁轨在转弯时为什么会倾斜 → 102

神奇的赛道 → 105

飞行员眼中的地平面 → 106

河流为什么是弯曲的 → 109

Chapter 6　碰撞现象 → 113

研究碰撞现象的重要意义 → 114

碰撞力学 → 115

关于皮球弹跳高度的几个问题 → 119

两个木槌球的碰撞 → 125

“力从速度来” → 127

“胸口碎大石”的奥秘 → 129

Chapter 7　关于强度的几个问题 → 133

可以用铜丝测量海洋的深度吗 → 134

最长的金属悬垂线 → 136

最强韧的金属丝 → 138

头发丝比金属丝更强韧 → 140

自行车架为什么要用空心管制作 → 141

寓言“7根树枝”所蕴含的力学原理 → 145

Chapter 8　功、功率与能 → 147

功的单位没告诉我们的东西 → 148

如何正好做1公斤米的功 → 149

如何计算功 → 150

拖拉机的牵引力什么时候最大 → 152

“活的发动机”和机械发动机 → 153

100只兔子也变不成1头大象 → 156

人类的“机器劳力” → 157

不实在的称货方法 → 162

难倒亚里士多德的题目 → 163

如何包装易碎物品 → 166

能量从哪里来 → 168

自动机械真的能“自动”吗 → 170

钻木取火 → 173

弹簧的能消失了吗 → 177

Chapter 9　摩擦力与介质阻力 → 181

雪橇能滑多远 → 182

关闭发动机后汽车能行驶多远 → 184

马车的车轮为什么不一样大 → 185

机车和轮船的能量用在哪儿了 → 187

艾里定律与水流中的石块 → 188

雨滴的下落速度 → 191

重的物体下落得快吗 → 195

顺流而下的木筏 → 198

舵的操作原理 → 201

什么情况下雨水会将你淋得更湿 → 202

Chapter 10　自然界中的力学 → 205

“格列佛”与“大人国” → 206

河马为什么笨重 → 208

陆生动物的身体结构 → 210

巨兽灭绝的必然命运 → 211

人和跳蚤哪个跳跃能力强 → 213

大鸟与小鸟，哪个更能飞 → 215

什么动物从高处落下时，不会受伤 → 217

树木为什么无法长到天上去 → 218

伽利略对于“巨型”的分析 → 220

Chapter 1
力学的基本原理

两枚鸡蛋碰撞，哪个会碎掉

如图1所示，把两枚鸡蛋分别放在两只手中，用其中的一枚碰撞另一枚。如果它们的坚硬程度一样，碰撞的位置也相同，哪枚鸡蛋会被撞破？是撞过去的，还是被撞的？

这个题目是由美国《科学与发明》杂志首先提出的。杂志上还说，实验证实，在大部分时候，“运动的鸡蛋”，也就是“撞过去的鸡蛋”，会被撞破。

对此，杂志还进行了解释：“蛋壳是一个曲面。在相互碰撞的时候，被撞的那枚鸡蛋受到的压力作用于蛋壳的外面。虽然我们都知

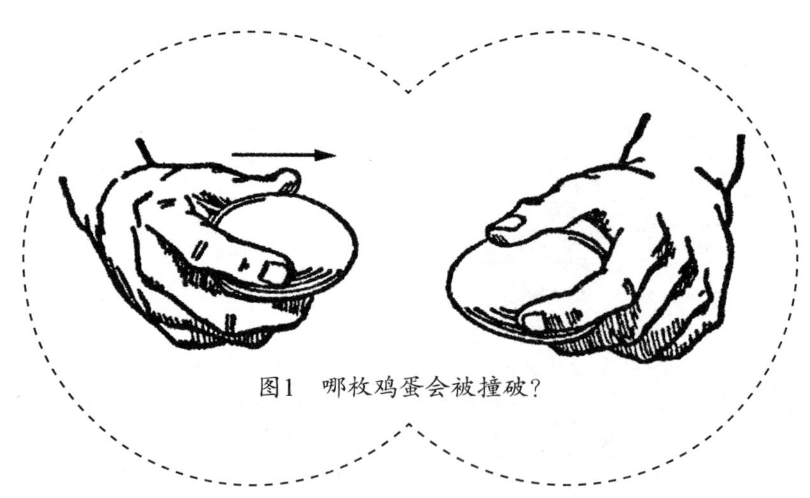

图1　哪枚鸡蛋会被撞破？

道，拱形的物体可以承受来自外侧的较大压力，但对于‘撞过去的鸡蛋’来说，情况则正好相反。在碰撞的一瞬间，‘撞过去的鸡蛋’的蛋白和蛋黄会给这个蛋壳一个向外的力，而拱形物体的内侧抗压能力比外侧要小得多，所以‘撞过去的鸡蛋’的壳会碎掉。”

很多人看到这个题目后，都产生了浓厚的兴趣。有份报纸还转载了这道题目，并向读者征集答案，收集来的答案可谓五花八门。就像杂志中的分析一样，很多人都认为碎掉的肯定是“撞过去的鸡蛋”。但是，也有一些人认为，“撞过去的鸡蛋”不会碎，并且还进行了分析，且分析得头头是道。但是，我们要说，以上分析问题的角度都是错误的。

“撞过去的鸡蛋”和“被撞的鸡蛋”并没有什么差别。认定哪一枚会被撞破，都是不准确的。我们不能说“撞过去的鸡蛋”是运动的、“被撞的鸡蛋”是静止的，反过来也是一样。我们在描述一个物体的运动状态时，一定是相对于某个物体而言的。

如果是对地球而言，我们都知道，地球并不是静止的，它一直在星际中不停地运动着。如果把它所做的运动一一列举，大概有10种之多。所以，对于“撞过去的鸡蛋”和“被撞的鸡蛋”来说，它们也都是一直运动着的。而且，我们无法确定在整个星际间到底哪一枚鸡蛋的运动速度更快一些。如果想确定它们的运动速度，可能需要先翻遍所有的天文学著作，来看一看它们到底正在进行着什么运动。但是，由于宇宙间的星球都处于运动中，所以对于整个银河系来说，它们也仅仅是一种相对运动而已。

说到这里，我们发现，这个题目已经把我们引向浩瀚的宇宙了，但是问题仍然没有解决。不过，我们的分析方向是正确的。通过刚才

的分析，我们明白了一个道理：在描述一个物体的运动状态时，必须说明它是相对于什么物体来说的。否则，没有任何意义。单纯讲一个物体在做什么运动是没有意义的，运动是至少对两个物体而言的，它们或者互相靠近，或者互相远离。

就拿碰撞的鸡蛋来说，它们是相互靠近的。至于最后哪一枚鸡蛋碎掉，跟我们假设某一枚静止另一枚运动没有任何关系。需要注意的是，两枚鸡蛋在相互靠近的过程中，它们会受到空气的压力，这个压力会对鸡蛋产生一个破坏力。当撞过去的鸡蛋突然停止的时候，里面的蛋黄和蛋白也会给蛋壳一个破坏力。关于这一点，我们将在后文中进行介绍。

几百年前，**伽利略**就发现了匀速运动和静止的相对性，即经典力学中的相对论。这跟爱因斯坦的相对论是不同的，在20世纪初的时候，后者才被提出来。从某种意义上来说，后者是建立在前者的基础上的，是前者发展的结果。

伽利略·伽利雷（1564～1642），意大利数学家、物理学家、天文学家。

木马旅行记

根据前面的分析，我们知道，一个物体静止不动，如果它周围的所有物体都在向后做匀速直线运动，与这个物体做匀速直线运动，从本质上来说没有什么不同。也就是说，“物体静止，它周围的物体反向做匀速运动”与“物体做匀速运动”是一样的。当然了，这两种说法都是不确切的。我们应该说：“物体和它周围的一切彼此在相对运动。”即便到了今天，如果没有学过力学，仍有很多人认识不到这一点。不过，对于《堂·吉诃德》的作者**塞万提斯**来说，虽然他没有读过伽利略的著作，但是他在几百年前已经对这个问题有所了解。他的作品中有很多地方的描写都渗透着这一理念，其中有一段是这样的：

塞万提斯·萨维德拉（1547~1616），西班牙小说家、剧作家、诗人，代表作有《堂·吉诃德》。

主人公在和他的侍从骑木马旅行时，有人跟堂·吉诃德这么说：“骑到马上以后，你们需要做的只有一件事情，就是扭动一下马脖子上面的那个机关。这时，马就会飞起来，把你们送到玛朗布鲁诺那里。不过，你们需要蒙

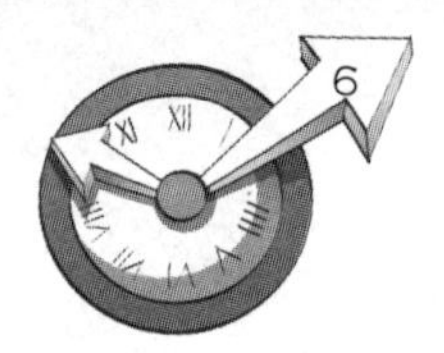

上眼睛，不然会感觉头晕的。”

于是，两人把眼睛蒙上，堂·吉诃德扭动了机关。

过了一会儿，骑士感觉好像真的在空中飞驰，简直比射出的箭还要快！

“天呐，真不敢相信，”骑士对侍从说，“我还从来没有乘坐过这么平稳的坐骑呢！我觉得旁边的一切都在动，风也在吹。”

“就是！”侍从桑丘说道，“我觉得这边的风更大了，就像有1000个风箱在吹似的。”

实际上，确实有几个风箱在一直朝着他们吹风。

作者提到的木马就是我们现在经常在展览会或者公园里看到的游乐设施的原型。物体的静止状态和运动状态在机械效果上是分不开的。不管是木马，还是其他的一些游乐设施，都是根据这个原理设计出来的。

常识与力学

很多人都在习惯上认为静止和运动是对立的，就像天和地、水和火一样。但是，这并不影响他们在火车上睡觉，他们不需要担心火车是停在站台还是行驶在铁轨上。而且，在理论上，他们也经常反驳这样的事情。他们从来不觉得在铁轨上行驶的火车是静止的，也不认为火车底下的铁轨和周围的一切景象是在向火车行驶的方向做反方向运动。

“根据常识判断——司机也会这么认为吗？”在论述这个观点的时候，爱因斯坦说道：“对于司机来说，他只负责让机车运转，他的工作对象是机车，而不是周围的景象。所以，他可能会认为，运动的是机车，而不是别的。”

初看起来，论据好像没什么问题。但是，我们可以想象这样一个场景：在一条沿着赤道铺设的钢轨上，火车正在向西方——地球旋转的反方向行驶。周围的景象都在向火车的后方运动，火车向前行驶就是为了不跟它们一样向后运动。或者说，火车向前行驶就是为了不那么快向后运动。如果司机想让火车完全不跟随地球一起旋转，那他就必须使火车的速度达到2000千米／小时（也就是地球旋转的速度）。

事实上，火车的行驶速度根本达不到这么快，哪怕是喷气式飞机也飞不了这么快。（现在的喷气式飞机时速已超过2000千米了）

当火车保持匀速状态行驶的时候，根本无法确定火车和周围的景象到底谁在运动。这是由物质世界的构造决定的。不论在什么时间点，物体究竟是运动还是保持静止，都不是绝对的。我们只能说，一个物体相对于另一个物体在做什么运动。对于观察者来说，参与到某一个物体的状态中，并不会影响观察物理现象以及物体的运动规律。

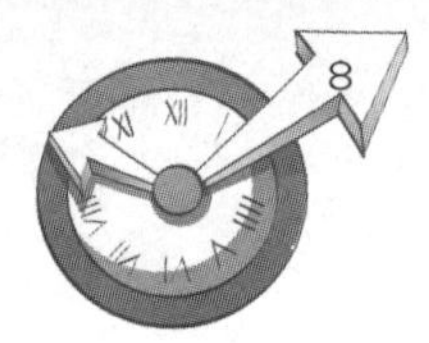

甲板上的对峙

在某些情况下，相对论也不一定完全适用。下面，我们来设想这样一个场景：如图2所示，在一艘正在行驶的轮船的甲板上，站着两个射手，他们相互用枪瞄准了对方。对于每个射手来说，他们的条件是不是相同呢？对于那个背对着船头的射手，能不能说他射出的子弹比另一个射手射出的子弹飞得慢呢？

图2　哪个射手的子弹先射到对方身上？

客观地说，如果以海面做参照物，跟静止不动的状态相比，背对着船头的射手射出的子弹是要飞得慢一些，另一个射手射出的子弹会飞得快一些。但是，这一点对现在的两个射手来说，没有任何影响。当站在船头的射手射出子弹的时候，站在船尾的射手射来的子弹正在向他飞来。如果轮船是匀速行驶的，那么船头射来的子弹减慢的速度正好抵消了船尾射来的子弹增快的速度。或者说，从船尾射向船头的子弹要追赶船头的目标，而那个目标——船头的人，正在远离子弹。所以，子弹增快的速度跟前者减慢的速度正好相抵。

最后的结果就是，对于子弹的目标来说，这两颗子弹的运动状态跟在静止不动的船上是一样的。

不过，需要指出的是，我们这里讨论的是在沿着直线行驶的、匀速运动的轮船上发生的情况。

说到经典相对论，伽利略在其著作中进行了讨论。有意思的是，这本书差点儿把伽利略送到宗教裁判所的火堆上烧死。在书中有这么一段论述:

> 假设你和一个朋友被关在一艘大船甲板底下的一个房间里，船正在匀速行驶，你和你的朋友都没有办法确定这艘船是在行驶，还是静止的。要是你们在房间里跳远，你们所跳出的距离跟在静止不动的船上是一样的。不管船的行驶速度有多快或者多慢，这个距离都不会改变，不会因为跳向船尾方向而距离大些，也不会因为跳向船头方向而距离小些。客观来讲，当你跳向船尾方向的时候，你在腾空而起的那一瞬间，甲板会随着船向你的后方行驶，但是这并没有任何影响。如果你扔给朋友一个东西，不管你在靠近船头的位置扔，还是在靠近船尾的位置扔，你所花的力气不会因为船的行驶而有任何变化……房间里四处飞行的苍蝇也不会停留在船尾的方向，而是跟

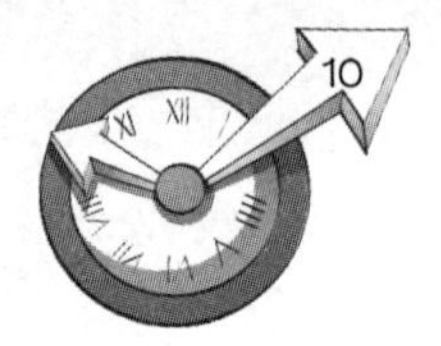

在静止的船上一样。

对于经典相对论的一些问题，我们可以这样来解释："在一个体系中，物体的运动特性不会因为这个体系是静止不动的，还是沿着直线匀速行驶的，而有任何不同。"

风洞实验

根据经典相对论原理，在很多情况下，我们常常用静止来代替运动，或者用运动来代替静止，这样有助于我们分析问题。比如，当研究飞机或者汽车行进时所受到的空气阻力的影响时，我们通常会研究它们"相反"的现象，也就是运动的气流对静止状态下的飞机或者汽车的影响。

通常的做法是：如图3所示，在一个实验室中，安装一个很大的管子，使其产生一股强大的气流。然后，研究这股气流对静止状态下的飞机或者汽车模型的作用。最后得出的结果跟实际情况是一样的。虽然，在实际情况下，空气是静止不动的，而飞机或者汽车是高速行驶的。

现在，我们已经有了很多规模非常大的风洞，可以放下实际大小的带有螺旋桨的飞机或者中等大小的汽车，而不是缩小的模型。在风

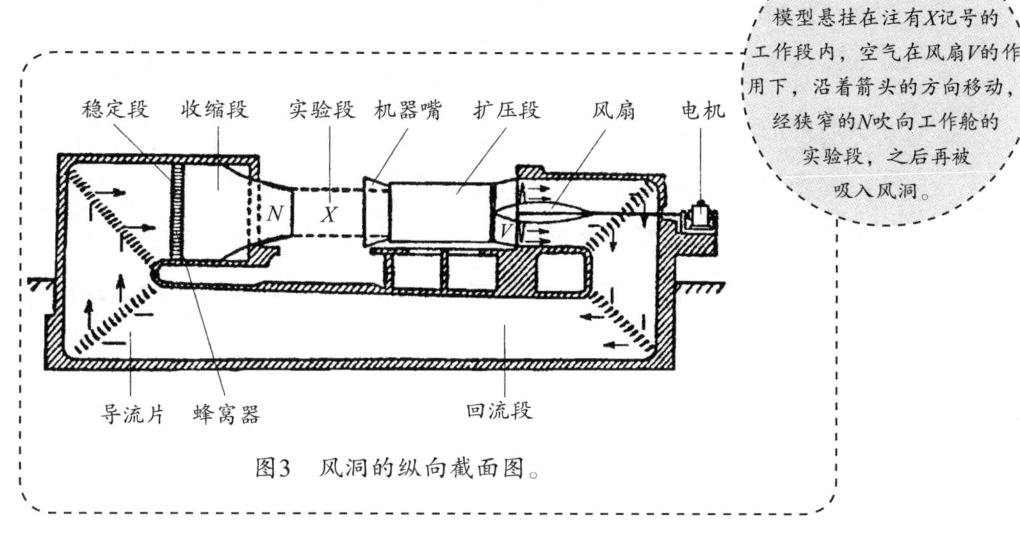

图3　风洞的纵向截面图。

飞机或机翼的模型悬挂在注有X记号的工作段内，空气在风扇V的作用下，沿着箭头的方向移动，经狭窄的N吹向工作舱的实验段，之后再被吸入风洞。

洞中，空气的速度非常快，甚至可以达到声音的速度。

给疾驰的车厢加水

还有一个非常著名的经典相对论的应用案例，发生在铁路上。不知读者朋友是否知道，在老式蒸汽机车的车头后面，常挂有一节装有煤和水的车厢。在机车高速行驶的时候，我们一样可以给它加水。它的工作原理虽然很简单，但是非常巧妙，就是把正常状态下的现象反过来。

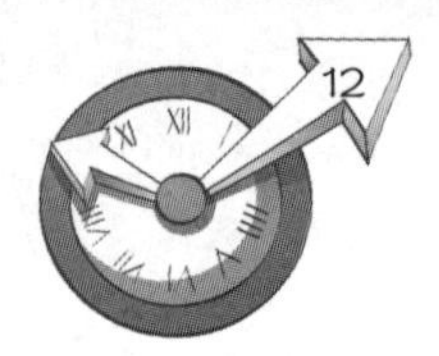

如图4所示，我们把下部弯曲的管子竖直地插到水里面，并使弯曲部分的开口迎着水流的方向，我们将这根管子称为“毕托管”。那么流到管子里的水就会进入这个毕托管中。并且，管子里的水面比整个水池里的水面要高一些，这个高度是由水流的速度决定的。水流越快，管子里的水面越高。于是，铁路工程师就想到了一个办法，把这个现象反过来，把管子的弯曲部分放在静止的水里，使它移动。这样，管子里的水就会升到比水池里的水面高一些的位置。这里就是用静止代替了运动，用运动代替了静止。

H

毕托管法：在两条铁轨之间有长长的水槽，将车厢底下的一根管子浸在水槽中。

火车的运动方向

工作原理：将水管放入流动的水槽，管子中的水平面高过水槽的水平面，行驶中的火车可以自动加水。

图4　如何给疾驰的车厢加水？在两条钢轨中间设有长长的水槽，位于煤水车底下。

当火车经过某一个车站时，有时候不需要停下来，就可以给装有煤和水的车厢添水。在一些车站的两条钢轨中间，有一条长长的水槽，如图4所示。在这节车厢的底部，有一根弯曲的管子，这根管子的开口方向朝着火车的行驶方向。从图4可以看出，当火车经过车站的时候，并没有停下，而是仍然在快速行驶着，但是水槽里的水却会顺着弯曲的管子流到这节车厢里。

不得不说，这个方法简直太巧妙了。利用这个方法可以把水升到多高的高度呢？这就涉及一个学科——水力学了。这门学科是专门研究液体的运动规律的。在水力学中，有这样一条定律：毕托管中的水所能升到的高度等于在这个速度的水流中，把物体竖直向上抛起所能达到的高度。如果不考虑摩擦、涡流等因素的影响，我们可以用下面的式子求出这个高度：

$$H=\frac{V^2}{2g}$$

其中，V表示水流的速度，g表示重力加速度，一般为9.8米／秒^2。在前面讲到的装有煤和水的车厢中，水和管子的相对速度跟火车的速度是一样的。也就是说，这里的水流速度就是火车的速度，假设火车的速度为36千米／小时（也就是10米／秒），那么，毕托管中的水面高度就是：

$$H=\frac{V^2}{2g}=\frac{10^2}{2\times9.8}\approx5\text{（米）}$$

由此可以看出，火车的速度不需要很大，只要达到36千米／小时，水面的高度就可以达到5米高。即便有摩擦、涡轮等因素的影响，损耗了一定的能量，也没有关系，实际高度也足以给装有煤和水的车厢加水了。

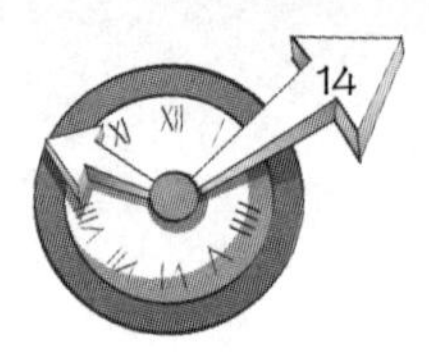

如何准确理解惯性定律

在前面几节中，我们详细讨论了运动的相对性，并对这一概念有了初步的认识。下面，我们对运动的起因，也就是力的作用，进行一下说明。我们来看力的独立作用定律：当一个力作用于物体时，与这个物体本身处于静止或者运动的状态无关，也与其他的力产生的作用无关。

我们知道，在经典力学领域，牛顿三定律是基础。上面的这个定律就是从牛顿第二定律推导出来的。在牛顿三定律中，惯性定律是第一定律，作用力和反作用力相等定律是第三定律。

在后面的章节中，我们会详细讨论牛顿第二定律。在本节中，为了讨论方便，我们先简单讲解一下牛顿第二定律。牛顿第二定律主要讲的是：速度的变化是用加速度来衡量的，它的大小跟作用力成正比，方向跟作用力相同。我们通常用下面的公式表示这个定律：

$$F=ma$$

其中，F表示作用在物体上的力；m表示物体的质量；a 表示物体的加速度。可见，在这个公式中，一共有三个量。其中，最难理解的是质量m。人们很容易把质量跟重力相混淆，但是，质量和重力是完全不同的。对于不同的物体，我们可以通过在同一个力的作用下得到的加速度来比较物体的质量。根据上面的公式可以得出，在同一个力的作用下，物体得到的加速度越小，它的质量越大。

如果你没有学习过物理学，可能会得出跟惯性定律相反的结论，但是在牛顿三定律中，惯性定律是最容易理解的。即便如此，很多人仍然理解得不够全面，甚至产生了误解。比如，很多人认为，惯性就是："物体在受到外力作用前所保持的状态。"其实，这个说法是不对的，它的意思就是，如果没有原因，就不会发生任何事情。也就是说，物体不会改变它最初的状态。而惯性定律讲的是物体静止和运动两种状态，不是针对物体的所有状态而言的。

实际上，惯性定律是这样说的：对于一切物体来说，它会一直保持静止或者匀速直线运动状态，直到有外力作用到它身上为止。

也就是说，如果一个物体：

- 突然进入运动状态时；
- 由直线运动变为非直线运动，或者说，由直线运动变为曲线运动时；
- 运动变慢、变快或者停止时。

我们都可以得出相同的结论：这个物体受到了外力的作用。

但是，如果一个运动中的物体没有发生上面三种情况中的任何一种，那么即便物体的运动速度非常快，也不代表有外力作用于它。特别要注意的是，只要物体是在做匀速直线运动，就说明它没有受到任何外力的作用。或者说，作用在这个物体的所有力相互平衡。这一观点与古代的思想家，特别是伽利略之前的思想家是不同的，这就是现

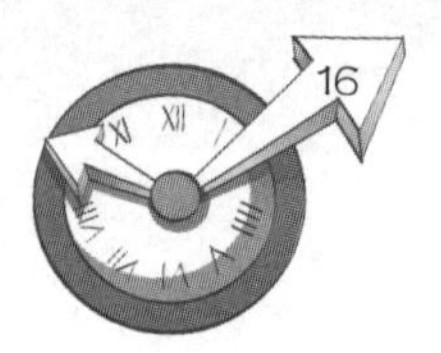

代力学的区别。从这里还可以看出，有时候，“惯常思维”和“科学思维”的差别非常大。

对于刚才的讨论，我们还需要说明一点，固定不动的物体所受到的摩擦力也是外力，摩擦力的作用不能使物体运动，却阻碍了物体的运动。

此外，还有一点需要强调，物体并不是趋于保持静止状态，而仅仅是保持在静止状态。这两者的差别就像一个从来不出门的人和一个很少在家、只要有一点儿小事就出门的人的差别。对于物体来说，它不是“一个从来不出门的人”，而是具有高度活动性，只要向它加一个非常微小的力量，它就会开始运动。所以，我们不能说物体趋于保持静止状态。物体在脱离了原来的静止状态后，并不会自己回到原来的静止状态，而是一直在此前所给的微小的力的作用下保持运动状态。

还有一种说法也很常见，有人认为“物体会抗拒作用在它身上的力”。这个说法明显是不对的。当我们往杯子里的茶放糖的时候，茶会有阻碍作用吗?

在物理和力学的课本中，很多说法都是不严谨的，比如，很多地方出现了“趋向于”这三个字，这是不少对惯性误解的来源。这种说法不利于正确理解牛顿第三定律。

作用力和反作用力

当我们打开一扇门的时候，必须把门上的把手朝着自己拉过来，通过手臂上肌肉的收缩，使它靠近我们的身体。同时，门会产生同样大小的力把门和我们的身体互相拉近。显然，这时候，在我们的身体和这扇门之间，一共有两个力在发生作用。一个力作用在门上，另一个力作用在我们的身体上。这是门朝我们打开的情况。如果情况相反，我们想把一扇门推开，道理也是一样的，力会把门和我们的身体推开。

刚才，我们提到了肌肉的力量。从本质上来说，肌肉的力量跟其他的力一样，都会对物体产生作用。而且，对每个力来说，都会向两个相反的方向发生作用。或者，我们可以说，力有方向正好相反的两个头，一头作用在发力的物体上，另一头作用在受力的物体上。在力学中，这一个观点表述得非常简短，以致很多人不是很理解其中的含义，就是“作用力等于反作用力”。这就是牛顿第三定律。它的意思是：在整个宇宙间，所有的力都是成对存在的。对于每一个表现出来的力，都有一个跟这个力相等但方向相反的力在某个地方存在。而且，这两个力一定作用于两个点之间，使它们相互靠近或者远离。

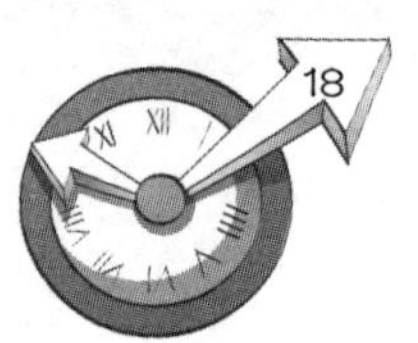

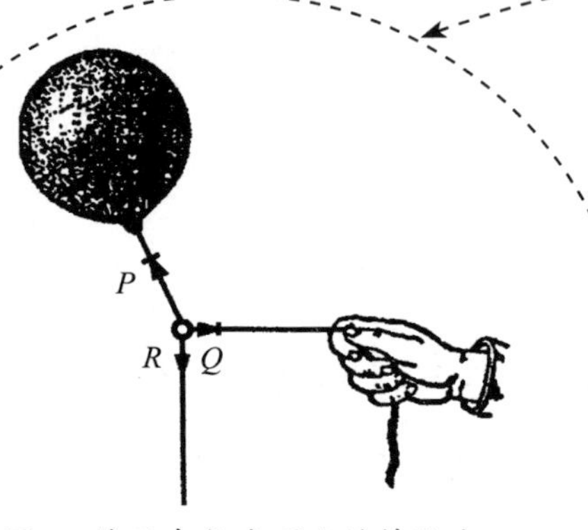

图5　作用在气球下方的挂坠上的力是P、Q、R。请问：它们的反作用力在哪里？

下面，我们来看一下图5。在图中气球的下方，一共有三个力，分别是P、Q和R。其中，P表示气球的牵引力、Q表示绳子的牵引力，R表示挂坠的重力。表面看来，它们都是独立存在的。但是，这只是表面现象，实际上，对这三个力来说，都存在一个跟它相等但是方向相反的力。具体来讲，对于气球的牵引力P来说，存在一个加在拴气球的线上的相反的力P_1；对于绳子的牵引力Q来说，存在一个加在手上的相反的力Q_1；对于挂坠的重力R来说，存在一个加在地球上的相反的力R_1。这是因为，挂坠在受到地球吸引同时，也会吸引地球。图6标出了这几个力。

图6　P、Q、R的反作用力分别为：P_1、Q_1和R_1。

这里有一点需要注意。如果在一根绳子的两端分别施加一个1千克的力，并向两端反方向拉这根绳子，那么这根绳子的张力是多大呢？对于这个问题，就好像问一张面值为10分的邮票价值多少一样。答案就存在于问题之中：绳子的张力也是1千克。下面的两种说法：“在绳子的两端各有一个1千克的力反方向拉绳子”和“绳子的张力是1千克”，意思是一样的。这是因为，在这根绳子上，除了这两个作用在绳子上的方向相反的1千克的张力之外，根本不存在其他的张力。如果考虑问题的时候没有想到这一点，通常会得出错误的结果。

两匹马的拉力读数

【题目】如图7所示，两匹马分别用100千克的力反方向拉一个弹簧秤。那么，弹簧秤的读数会是多少？

【解答】很多人可能会说：100+100=200千克，所以弹簧秤上会显示200千克。这个答案是不正确的。根据前面一节

图7　如果每匹马各用100千克的力拉，请问：弹簧秤的读数是多少？

的分析，当这两匹马反方向拉这个弹簧秤的时候，都用了100千克的力，所以张力应该是100千克，而不是200千克。

正是由于这个原因，如果在马德堡半球的两边分别有8匹马反方向拉这个球，那么对这两个半球来说，它们受到的拉力并不是16匹马的力量，而是8匹马的力量。如果在反方向上没有那8匹马，那么在另一个方向上的8匹马也产生不了任何作用。其实，如果用一堵非常牢固的墙来代替另一边的8匹马，结果是一样的。

哪艘游艇先靠岸

【题目】如图8所示，在湖里有两艘完全相同的游艇，它们距离码头的路程相等，同时向码头靠近。在这两艘游艇上，各有一名划手，他们的手中都拉着一条绳子，想把游艇

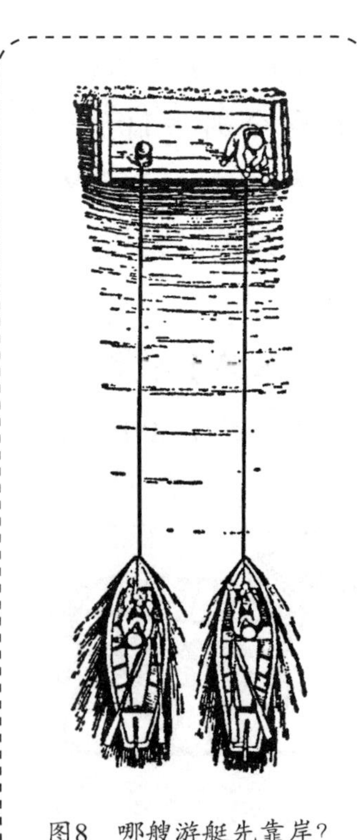

图8　哪艘游艇先靠岸？

拉到码头处。不同的是，一艘游艇的绳子系在码头的一个铁柱上；另一艘游艇上的绳子被码头上的一位水手拉着。

假设游艇上的两个人和码头上的水手用的力气是一样的，那么哪艘游艇先到达码头？

【解答】乍一看这个题目，有的人可能以为，肯定是两个人拉的那艘游艇先到达码头，因为两个人一起拉，力气会大一些，游艇的速度也就会更快。也就是说，对于两个人拉的这艘游艇，力量是双倍的，这种说法正确吗？

在两个人拉的这艘游艇上，绳子被他们分别以同样的力量拉向自己，但是对于绳子的张力来说，只等于一个人的力量。绳子的张力跟一个人拉的那艘游艇的绳子的张力是相等的。所以，对这两艘游艇来说，它们受到的拉力是相等的，会同时靠向码头。

有的读者可能认为，上面的分析是错误的。当用绳子拉着游艇靠向码头的时候，不管是一个人，还是两个人，都要往回收绳子，所以在同样的时间里，两个人收肯定比一个人收得多，所以两个人拉的那艘游艇会先靠向码头。这一分析貌似没有什么破绽，但是，实际上，这是错误的。要想使游艇的速度加倍，两边拉绳子的这两个人必须要用更大的力气来拉游艇。但是，在题目的条件中，这三个人用的力气是一样大的，所以绳子受到的张力是相等的。只要在这个条件下，两艘游艇的速度就会相等。

人和机车行进之谜

日常生活中，我们经常会遇到这样的事情：作用力和反作用力都作用在同一个物体上，只不过是作用在这个物体的不同点上。对于肌肉张力或者机车汽缸中的蒸汽压力，我们常将其称为“内力”。这些力有以下特点：通过物体自身相互连接的部分进行传导，使物体各部分的位置发生改变。但是却不能使物体的各部分进行同一项运动。比如，当我们用步枪射击时，火药燃烧产生的气体会把子弹向前方推出去，与此同时，气体产生的压力还会把步枪向后推，也就是我们常说的“后坐力”。火药产生的气体压力是一个内力，它不可能使子弹和步枪同时向前或者向后运动。

内力不能使物体的各部分进行同一项运动，那么当我们步行的时候，是如何运动的呢？机车又是如何行驶的呢？有的人可能会说，步行依靠的是人的脚与地面之间的摩擦力，而车辆行驶则是因为车轮和钢轨之间有摩擦。步行或者机车运动当然离不开摩擦。但这种说法并没有揭开我们的谜团。我们都有过这样的体验：在冰上行走的时候，很难迈开步子。同样的道理，如果钢轨与机车车轮之间非常光滑，那么机车就会打滑，不管机车的轮子怎么转动，机车都没有办法前进。我们讲的这些情况都是摩擦力阻碍运动，摩擦力到底是如何帮助人们或者机车运动的呢?

其实，这不是什么秘密，也很容易解释。如果两个内力同时作用在物体上，这个物体是不会运动的。这是因为，这两个内力仅仅会使物体的各部分散开或者靠拢。但是，如果这时候还有另外一个力存在，那么这第三个力就会平衡掉其中的一个力。这样的话，会发生什么变化呢？这时，另一个力就会推动物体前进。摩擦就是这样的一个力，正是有了它的存在，使得其中的一个内力被平衡掉了，另一个内力才得以推动物体前进。

如果我们站在一片非常光滑的平面上，比如冰面，想向前运动，就必须用力往前迈动脚步。如图9所示，我们知道，在我们身体的各部分之间，可能不止有一个内力在发生作用，但是，根据作用力和反作用力相等的定律，在我们的脚上，这些力总会作用于两个力产生作用。其中，一个力是F_1，它使右脚向前运动；另一个力是F_2，它跟前面的F_1大小相等，但方向相反，使左脚向后运动。这样，我们的两只脚会分开，一只脚在前面，一只脚在后面。但是，我们身体的重心仍然停留在原来的地方。如果我们左脚下的平面比较粗糙，那就不是这样的情形了。这时候，作用在左脚的力F_2，正好等于作用在左脚底下的摩擦力F_3。也就是说，F_2被F_3平衡掉了。这样，作用在右脚上的力F_1，就会推动右脚向前运动，我们整个身体的重心也

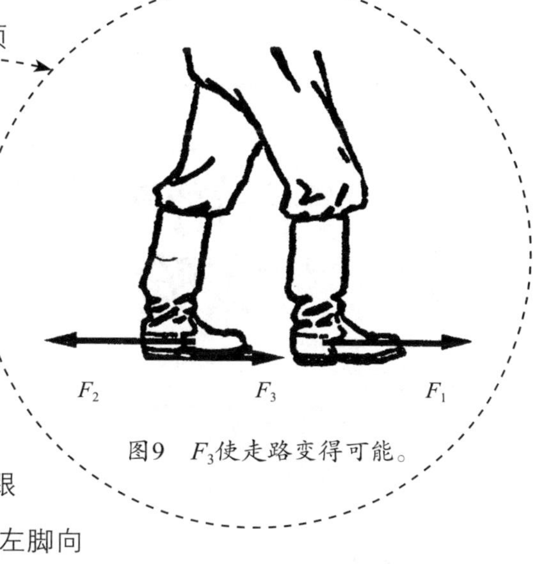

图9　F_3使走路变得可能。

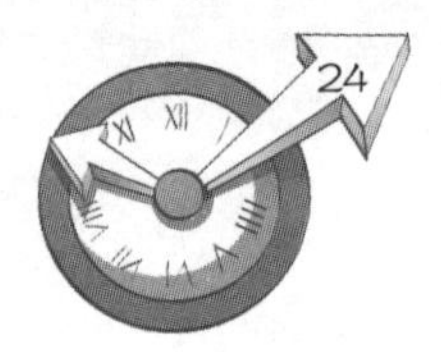

会跟着向前移动。实际上，当我们步行的时候，向前伸脚的瞬间，脚就脱离了地面，脚跟地面之间的摩擦就没有了，但是，另一只脚还站在地上，跟地面是有摩擦的。这样，作用在站在地面这只脚上的摩擦力就会阻止另一只脚向后滑动，从而促使我们前行。

刚才我们讨论了步行，机车的情况要稍微复杂一些，但是，道理是一样的。在机车的主动轮上，也存在着一个摩擦力，这个摩擦力会平衡掉其中的一个内力。于是，机车的另外一个内力会推动机车向前运动。

“怪铅笔”实验

如图10所示，把一支铅笔放到你伸出来的两根食指上，注意保持两手的平衡。然后，将两根食指慢慢靠近，并始终保持手的水平状态。你会发现一个有趣的现象，铅笔先是在其中的一只手指上滑动，过一会儿后，又会在另一只手指上滑动，并轮流进行。如果不是用铅笔，而是一根长长的木棒，交替滑动的

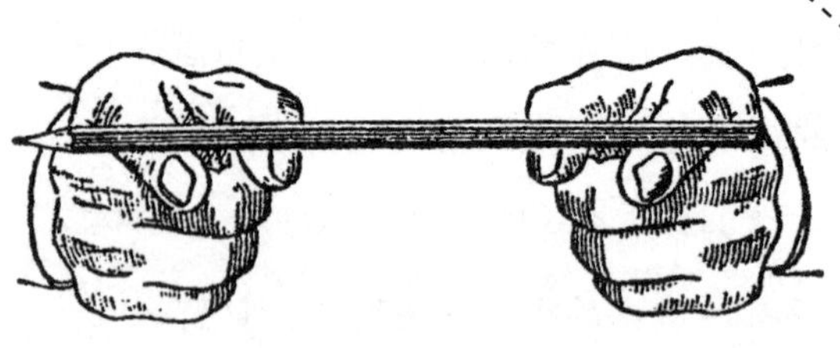

图10　在两根手指靠近的时候，铅笔会交替地向左右两个方向移动。

次数会更多。

对于这个有趣的现象，应该怎样解释呢？

要想解释这个现象，需要用到力学上的两个定律：一个是库仑—阿蒙顿定律，还有一个定律是：当物体滑动的时候，摩擦力要比它静止的时候小。那么，什么是库仑—阿蒙顿定律呢？这是一个可以得出摩擦力大小的定律：当物体开始滑动的时候，摩擦力T等于一个系数f乘以物体施加在这个点上的压力N，也就是下面的式子：

$$T = fN$$

其中，系数f表示相互摩擦的两个物体的特征。

下面，我们就用这两个定律来分析一下刚才的现象。开始的时候，铅笔虽然架在两根食指上，但是它对每根手指的压力是不可能完全相等的，其中一定有一根手指上的压力大一些。那么，在这根手指上的摩擦力就会大一些。对于这一点，我们可以通过刚才提到的库仑—阿蒙顿定律得出。于是，摩擦力就会阻碍铅笔的运动，阻止它在压力比较大的手指上移动。当铅笔滑动了一会儿之后，重心就会发生偏移，靠近刚才滑动的支点，使得这个支点上的压力增加，当压力增大到和另一个支点上的压力相等的时候，铅笔就会在这个支点上停止移动。也就是说，作用在铅笔上的摩擦力增大了，所以它停了下来。这时，如果继续靠近手指，也就是说，另一根手指就变成了滑动支点，铅笔就会继续滑动。所以，在靠近手指的过程中，滑动支点会交替变化，铅笔则会在两根手指上交替滑动。

"克服惯性"是怎么回事

我们再来说一个容易引起人们误会的现象，看看它到底是怎么回事。在现实生活中，我们经常听到这样的谈论：要想使一个静止的物体运动起来，必须先"克服"它的"惯性"。但是，通过前面的分析，我们知道：对于任何物体来说，它从来不会抗拒作用在它上面的力。那么，这里说的"克服"究竟指的是什么呢？

"克服惯性"的意思应该是这样的：对于任何物体来说，要想使它得到一个初速度，必须给它足够的时间。对于任何力来说，不管这个力有多大，都不可能使物体立刻达到我们需要的速度，即便这个物体的质量非常小，也不可能。在后面的内容中，我们会学到$Ft-mv$这个公式，并得出以上结论。一些读者可能对这个公式并不陌生。通过这个公式，我们可以看出：如果时间$t=0$，那必然有$mv=0$，而物体的质量m不可能为0，所以只能是速度$V=0$。也就是说，如果我们不给力产生作用的时间，那么这个物体就永远不可能得到任何速度，更不用说产生运动了。如果物体的质量比较大，时间就会比较长。只有这样，才能使物体有比较显著的运动。我们会感觉物体似乎在抗拒力的作用，因为它没有马上运动起来。这就是我们产生错觉的原因。

在很多人的感觉中，物体在受到力的作用、进行运动之前，会“克服惯性”，或者说“克服惰性”。

火车的启动和匀速前进

有些读者在读了上文后，提出了这样的问题：为什么在铁轨上启动一辆火车比保持其匀速前进要难得多?

其实，这个并不仅仅是难易的问题。如果我们给火车的力量不够大，火车根本就启动不起来。在润滑比较好的情况下，保持火车匀速行驶可能只需要15千克的力。但是如果想启动它，则可能至少需要60千克的力。这是为什么呢?除了前文中提到的：要想使火车运动起来，需要在一开始的几秒钟里给它一个外力，使火车达到一个初速度。还有另一个原因：在静止和运动的状态下，火车的润滑情况是不一样的。在由静止状态转为运动状态的过程中，车辆整个轴承上的润滑油还不均匀，这时候，想启动火车就会比较困难。但是，当车轮转动起来后，润滑油就会慢慢变均匀，这样，后面的运动就会变得越来越容易。

Chapter 2
运动与力学

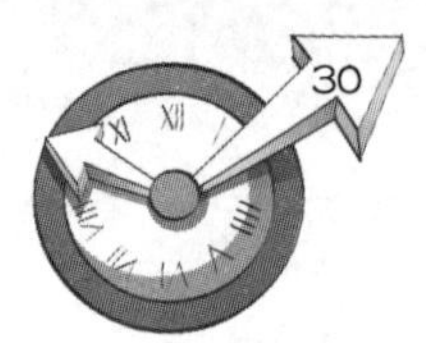

力学的基本公式

在本书中，我们会用到一些力学公式。很多读者都学习过这些公式，但是可能已经记不清了，所以我把一些重要的公式列在下面的表中，以方便查阅。这个表是比照乘法排列的，两栏交叉的那个格表示对应的两个量的乘积。

	速度v	**时间t**	**质量m**	**加速度a**	**力F**
距离S	—	—	—	$\frac{v^2}{2}$（匀加速运动）	功 $A=\frac{mv^2}{2}$
速度v	$2aS$（匀加速运动）	距离S（匀速运动）	冲量Ft	—	功率 $W=\frac{A}{t}$
时间t	距离S（匀速运动）	—	—	速度v（匀加速运动）	动量mv
质量m	冲量Ft	—	—	力F	—

下面，我们就来举几个例子，看看这个表的使用方法。

在匀速运动中，速度v和时间t的乘积等于距离S，即：

$$S = vt$$

如果力的作用方向和物体的移动方向相同，那么力所做的功A等于这个力F和距离S的乘积，而且，功A还等于m与速度平方乘积的一半，即：

$$A = FS = \frac{mv^2}{2}$$

需要指出的是，在这个公式中，力的方向和距离的方向应一致。如果力的方向和距离的方向不一致，那么，功A应该用下面的式子来计算：

$$A = FS\cos\alpha$$

其中，α表示这两个方向的夹角。此外，如果物体的初速度不是0，而是v_0，那么功也不能用前面的公式计算，而是：

$$A = \frac{mv^2}{2} - \frac{m{v_0}^2}{2}$$

接着说上面的表。我们知道，在使用乘法表时，可以得出除法结果。同样的道理，在这个表中，我们也可以找出这样的关系。

如果用时间t去除匀加速运动的速度v，就可以得到加速度a：

$$a = \frac{v}{t}$$

如果用质量m来除力F，也可以得到加速度a。而且，如果用速度v来除力F，可以得到质量m：

$$a=\frac{F}{m};\quad m=\frac{F}{a}$$

在计算力学题的时候，经常要求计算加速度。我们可以从这个表中找出含有加速度a的所有公式，即:

$$aS=\frac{v^2}{2};\quad v=at;\quad F=ma$$

通过上面的式子，可以得到:

$$t^2=\frac{2S}{a}\text{或者}S=\frac{at^2}{2}$$

这样就可以根据题意，找到适合的公式了。

如果我们想找出所有的能够得出力F的公式，那么，从这个表中，可以找出下面的几个:

$$FS=A;\quad Fv=W;\quad Ft=mv;\quad F=ma$$

需要指出的是，假设物体的重力为P，在列出公式 $F=ma$ 的时候，要想到公式 $P=mg$ ，这里的g表示地面的重力加速度。同样的道理，在列出公式 $FS=A$ 的时候，要想到 $Ph=A$ ，这里的h表示重物提起的高度，也就是说，把重力为P的物体提到高度h，所做的功用这个式子来计算。

此外，在上面的表中，空格表示两个量的乘积没有物理意义。

步枪能产生多大的后坐力

在前文中，我们曾提到过，在用步枪射击的时候，步枪会有后坐力，本节中，我们就来研究一下这个问题。如图11所示，枪膛里的火药燃烧的时候，气体膨胀产生的压力在把子弹推出去的瞬间，会给步枪一个反作用力，把步枪向后推，这就是步枪的“后坐”现象。那么，在后坐力的作用下，步枪的运动速度到底有多大呢？根据前面提到的作用力等于反作用力定律，我们知道，气体膨胀对子弹的作用力应该等于它对步枪的压力，而且，这两个力的作用时间是同时的。从前面的表中，我们找到了下面的公式：

图11　为什么步枪在射击时会产生后坐力？

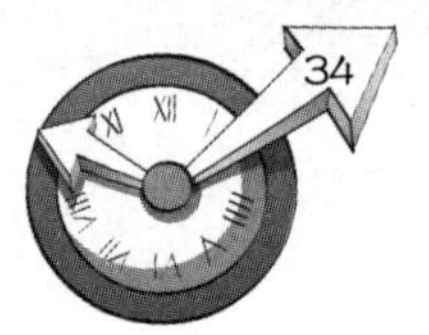

$$Ft = mv$$

也就是说，力F和时间t的乘积等于动量mv。这是当物体从静止状态转为运动状态时，动量定律的表达式。对于这个定律，通常的解释是：在一定的时间t里，物体的动量发生了改变，这个改变量等于时间t里作用在这个物体上的力F的冲量，即：

$$mv - mv_0 = Ft$$

其中，v_0表示物体的初速度。

对于子弹和步枪来说，Ft都是相同的，所以它们的动量也是相等的。假设子弹的质量为m，射出去的速度为v，步枪的质量为M，步枪的速度为V，则有下面的式子：

$$mv = MV$$

即：

$$\frac{V}{v} = \frac{m}{M}$$

一般来说，步枪子弹的质量为9.6克，它射出时的速度为880米/秒，而步枪的质量为4500克。把这些数值代入上面的公式，得：

$$\frac{V}{880} = \frac{9.6}{4500}$$

解得：

$$V = 1.9（米/秒）$$

也就是说，步枪的速度是1.9米/秒。通过比较可以看出，这个速度大概是子弹速度的$\frac{1}{470}$。换句话说，虽然它们的动量相等，但是步枪后坐产生的破坏力只有子弹的$\frac{1}{470}$。需要指出的是，对于不会射击的射手来说，这个后坐力还是可以产生强烈冲撞的，甚至可以把射手撞伤。

速射野战炮重达2000千克，可以把6千克的炮弹以600米／秒的速度射出去。通过计算可以得出，这种炮后坐的速度跟前面的步枪大概相同，也是1.9米／秒。但是，这种炮的质量非常大，所以运动所产生的能量大概是步枪的450倍。在旧式大炮发射炮弹的时候，整座大炮会跟着一起向后退。现代大炮进行了改进，将炮尾的末端固定在了炮架上，发射的时候只有炮筒会向后退。海军炮也是一样，发射时，不是整座炮向后退。但它使用的是一种特殊的装置，使炮筒后退以后可以自动恢复原来的位置。

相信读者已经注意到了，在刚才举的例子中，虽然动量相等，但是物体的能量却不一定相等。对于这一点，毫无疑问，从式子 $mv=MV$ 中，是得不出式子 $\frac{mv^2}{2}=\frac{MV^2}{2}$ 的。

把这两个式子相除，我们就可以得出，只有当 $v=V$ 的时候，上面的式子才成立。对力学知识所知不多的人经常误以为只要动量相等，它们的能量也会相等。在一些发明家身上，甚至也发生过这样的错误，他们认为等量的功会产生相等的冲量，于是得出了下面的结论：不需要花很多的能量，就可以让机器工作，也就是做功。所以，发明家也是需要有非常好的力学基础的。

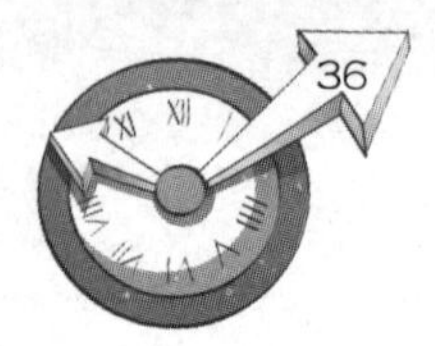

日常经验和科学知识

在力学的研究中，我们经常会遇到一些非常奇怪的事情，其中有些事情的原理很简单，但是科学解释和日常的感觉却完全不是一回事。下面，我们就来看一个这样的问题：如果把一个力不停地作用在同一个物体上，那么这个物体会做什么运动呢？在我们的感觉中，可能认为它肯定会以一个相同的速度前进。也就是说，它会做匀速运动。反过来，如果一个物体一直在做匀速运动，我们通常以为它一定受到了某个力的持续作用。比如，大车、机车等，它们就是这么运动的。

但是，如果用力学知识来分析，就会得到不一样的结果。在力学中，我们知道，如果一个力持续作用在一个物体上，那么这个物体将做加速运动，而不是匀速运动。这是因为，在物体原来的速度上，作用力会不停地给它新的速度。而物体如果在做匀速运动，说明它根本就没有受到力的作用，否则，它是不会做匀速运动，而是进行其他形式运动的。

那么，为什么我们的感觉会犯错误呢？

从某种意义上说，不能说感觉是错误的。在有限的范围中，会出现一些这样的现象。而之所以会产生上面的感觉，是因为物体移动之前受到了摩擦或者介质的阻力。但是，力学定律说的物体的运动都是自由的。所以，我们可以这么说，要想在有摩擦力或者介质阻力的情况下使物体进行匀速运动，确实需要一个持续不变的力。不过，物体的运动不是这个力的作用，这个力只是在克服阻碍运动的摩擦力。这个力给物体进行自由运动创造了条件，如图12所示。在有摩擦的时候，如果物体做匀速运动，那么一定有一个力持续作用在它身上——这种说法是正确的。

图12　火车在匀速运动时，牵引力克服了阻力。

从月球发射的大炮

【题目】在地球上，炮弹射出的速度可以达到900米／秒。现在，我们假设把大炮放到了月球上，并且不考虑空气对炮弹速度的影响，那么这门大炮射出的炮弹可以达到多大的速度？

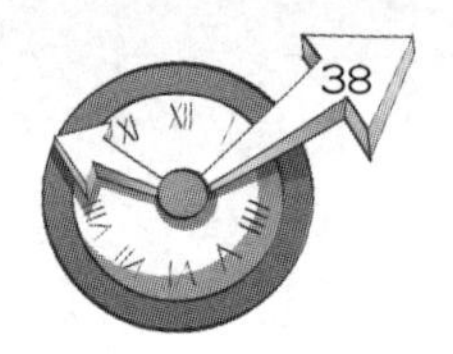

（已知，对于任何物体来说，它在月球上的重力只有在地球上时的$\frac{1}{6}$。）

【解答】在解答这道题目的时候，很多人可能会这么回答：不管在地球上还是在月球上，火药爆炸的力量都是相同的。但是，在月球上时，炮弹的重力只有地球上的$\frac{1}{6}$，所以炮弹的速度会比地球上大得多。也就是说，炮弹在月球上的速度是地球上的6倍，即 $900\times6=5400$米/秒。换句话说，在月球上，炮弹的速度可以达到5.4千米/秒。

上面的解答过程似乎没有什么问题，但是却是错误的。

其实，在力、加速度和质量三者之间，不存在上面提到的这种关系。在牛顿第二定律的表达式中，与力和加速度有关的参数是它的质量，即$F=ma$。对于炮弹来说，不管是在地球上还是在月球上，它的质量都是不变的。由于火药的爆炸力量相同，所以炮弹射出去时的加速度也是一样的。又因为是同样的大炮，所以炮弹在炮筒里的运动距离也是一样的，那么根据表达式$v=\sqrt{2aS}$，我们可以得出，它在地球和月球的速度是相同的。

这样，就得到下面的结论：在月球上，炮弹射出时的速度跟在地球上是一样的。如果要求炮弹射出去后飞行的高度和距离，这个问题要复杂一些，它跟物体在月球上的重力有很大的关系。

比如，在前面的分析中，我们在月球上竖直向上射出炮弹，速度为900米/秒，那么，这枚炮弹可以达到的高度就是：

$$aS = \frac{v^2}{2}$$

我们可以从前面的公式表中查到这个表达式。我们知道，月球上的重力加速度要比地球上的小，大概是地球的$\frac{1}{6}$，即：

$$a = \frac{g}{6}$$

代入前面的式子，则有：

$$\frac{gS}{6} = \frac{v^2}{2}$$

所以，炮弹升起的高度就是：

$$S = 6 \times \frac{v^2}{2g}$$

如果在地球上，不考虑大气的影响，这个高度是：

$$S = \frac{v^2}{2g}$$

那么竖直向上发射炮弹，对于同样的大炮来说，虽然射出去的速度是一样的，但是在月球上射出的高度却是地球上的6倍。

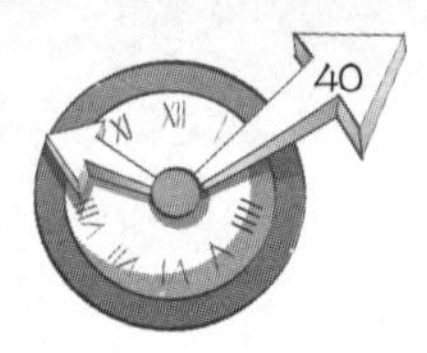

海底射击可以实现吗

【题目】 在菲律宾群岛的棉兰老岛附近，海洋的深度大概有11000米，这里也是世界上海洋最深的地方之一。现在，我们在这个地方的最底部装上一支上了子弹的气枪，并假设枪膛里的空气被压缩了。请问，如果扣动扳机，会有子弹从这支气枪中射出来吗？（假设子弹射出时的速度为270米／秒。）

【解答】 在子弹射出的瞬间，它一共受到两个方向相反的压力的作用：一个是水的压力，另一个是压缩空气的压力。如果水的压力大于压缩空气的压力，那么子弹就不会射出去，否则，子弹就可以射出去。所以，我们需要比较这两个压力的大小。

关于水的压力，可以这么计算：如果水柱的高度达到了10米，那么水柱底部的压力大概等于1个大气压，这个数值是1千克／厘米^2。而题目中的水柱高度是11000米，所以水底的压力就是1100千克／厘米^2。

一支七星手枪枪膛的直径是0.7厘米。假设我们所用的这支气枪的口径也是0.7厘米，那么枪膛的截面积就是：

$$\frac{1}{4}\times 3.14\times 0.7^2=0.38$$（平方厘米）

所以，枪膛截面所受的压力就是：

$$1100\times 0.38=418$$（千克）

下面，我们再分析一下压缩空气的压力。为简化计算过程，我们假设子弹射出去之前在枪膛里进行的是匀加速运动，并且加速度是恒定的。（实际上，子弹在射出前进行的并不是匀加速运动。）从前面的公式表中，我们可以找到下面的式子：

$$v^2=2aS$$

这里的v是子弹从枪膛射出去时的速度，a是我们要计算的加速度，S是子弹在枪膛里走过的距离（在这里，正好等于枪膛的长度，一般为22厘米）。前文提到，子弹射出时的速度v=270米／秒，所以：

$$27000^2=2a\times 22$$

a=16500000（厘米／秒^2）

这个数值很大。但是，这也没什么可让人惊奇的，因为子弹在枪膛里的时间非常短。这样，我们就得出了子弹的加速度。一般来说，一颗子弹的质量约为7克，所以使子弹产生加速度的空气压力就是：

$F=ma=7\times 16500000$

$=115500000$达因

≈ 115（牛顿）

达因是一种力学单位，可以定义为使质量为1克的物体产生1厘米／秒^{2}的加速度的力，叫达因。

1千克力≈1×10^6达因

压缩空气产生的压力就是115牛顿。

前面我们已经计算出，子弹受到的水的压力是418千克，而压缩空气产生的压力是115牛顿。所以，水的压力大于空气的压力，而且它们方向相反。于是，我们可以得出，子弹不但不会射出来，反而会被水的压力压到枪膛里面去。当然了，在气枪上很难产生这么大的压力，但是有了现代技术的帮助，完全有可能制造出跟七星手枪相媲美的气枪。

我们可以推动地球吗

如果你对力学没有进行过深入研究，可能会有这样一种感觉：如果力量比较小，是不可能移动质量非常大的自由物体的。其实，这也是犯了常识性错误。学习力学可以帮助我们解答这个疑问，它会告诉我们：再微小的力量，都可以使任何物体——不管这个物体的质量有多大——产生运动，只要这个物体是自由的物体就可以。前面我们已经用到下面这个公式很多次了。

$$F = ma$$

所以有：

$$a=\frac{F}{m}$$

通过这个式子，我们可以得出，只要力F不等于0，加速度a就不等于0。也就是说，不管力F多么小，都会产生一个不等于0的加速度，自由物体就会产生运动。

遗憾的是，在我们所处的环境中，很难证明这个定律的正确性。这是因为，摩擦是无处不在的，总是存在着运动的阻力。我们很难找到自由物体的踪影。我们所见到的物体运动都是不自由的。所以，要想使物体产生运动，我们还需要克服摩擦阻力，这就要求我们加在物体上的力要比摩擦力大。比如，我们要把干燥橡木地板上的一个橡木柜子推离原来的位置，需要的力量大概是柜子重力的$\frac{1}{3}$。这是因为，柜子与地板相互接触的面都是干燥的橡木，它们之间的摩擦力大概是物体重力的34%，移动柜子必须要克服这个阻力。如果它们之间不存在摩擦力，那么只需要一个非常小的力。比如，用手指轻轻碰一下，就可以推动这个柜子了。

在自然界中，不受到摩擦等介质阻力的物体非常少。一般来说，太阳、行星、月球，以及我们生活着的地球等一些天体都是自由物体，它们的运动是完全自由的。那是不是说：我们可以把地球推动呢？事实上也的确是这样的。我们可以这么认为：我们在运动的同时，带动了地球的运动。

再比如，当我们从地面上跳起来的时候，我们得到了一个速度，同时，地球也会朝着相反的方向运动。说到这里，有的读者可能会问这样一个问题：既然如此，那地球的运动速度会是多少呢？我们可以根据牛顿第三定律来进行计算。对于地球来说，我们给它的力量等于

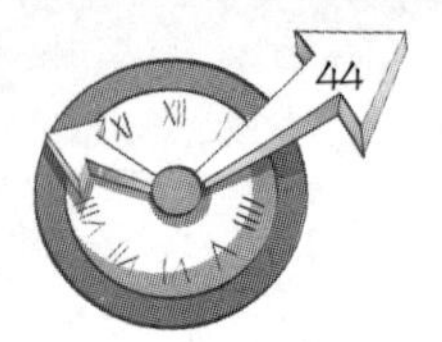

我们的身体跳起来时的力量。这两个力的冲量相等，我们和地球的动量也是相等的。假设地球的质量为M，地球的速度为V，我们人体的质量为m，我们跳起来的速度为v，则有下面的关系：

$$MV = mv$$

也就是：

$$V = \frac{m}{M}v$$

我们知道，人的质量跟地球比起来要小得多，所以地球的速度一定比我们跳起来的速度小得多。当然了，我们这里用“小得多”来进行描述，给读者的感觉一定很模糊。其实，对于地球来说，我们是可以得出它的质量的，所以可以计算出这个速度的近似值。

我们一般认为地球的质量是6×10^{27}克。在这里，人体的质量m取60千克，也就是6×10^{4}克。两个质量的比值$\frac{m}{M}$就是$\frac{1}{10^{23}}$。换句话说，地球得到的速度只有人跳起来的速度的$\frac{1}{10^{23}}$。假设我们跳起来的高度h为1米，那么可以利用下面的公式计算出我们的初速度：

$$v = \sqrt{2gh}$$

即：

$$v = \sqrt{2\times9.8\times1} \approx 4.4 \text{（米／秒）}$$

所以，地球的速度为：

$$V = \frac{4.4}{10^{23}} \text{（米／秒）}$$

客观地说，这个数值非常小，小到我们想象不出它究竟是个什么概念，但是它毕竟不等于0。那么，这个数到底是多大呢？我们可以这么想象一下：如果地球一直保持这个速度运动下去，那么在接下来的非常长的一段时间里，比如，十万万年，地球会移动一定的距离，那这个距离是多大呢？我们可以根据下面的式子来计算：

$$S = vt$$

这里的时间t是十万万年，也就是：

$$t = 10^9 \times 365 \times 24 \times 60 \times 60 \approx 31 \times 10^{15} \text{（秒）}$$

代入上式得：

$$S = \frac{4.4}{10^{23}} \times 31 \times 10^{15} = \frac{1.4}{10^6} \text{（米）}$$

如果换算成微米，就是：

$$S = 1.4 \text{（微米）}$$

从这个结果可以看出，在十万万年这么长的时间里，如果地球一直按照刚才的速度运动下去，它也只不过运动了1.4微米的距离。我们根本无法用肉眼辨别出这个距离来。

事实上，对于地球来说，我们刚才计算出来的速度并不会保持下去，当我们的两只脚离开地球的时候，仍然会受到地球引力的作用。在地球引力的作用下，我们的运动速度会降低。而且，如果地球对我们的引力是60千克，那么我们对地球的引力也是这么大。所以，随着我们速度的降低，地球的速度也会降低，最终这两个速度都会降为0。

综上所述，我们确实可以给地球一个速度，但是这个速度维持的时间很短，而且又很小，所以并不能使地球移动起来。我们想让地球

图13　只要找到一个和地球没有任何联系的支点，人就可以让地球移动起来。

移动起来，必须满足下面的条件：如图13所示，找到一个和地球没有任何联系的支点。当然了，图中的景象只是一种幻想。不管你的想象力有多么丰富，无论如何你也想象不出我们的脚该放在哪里。

发明家陷入的误区

对于发明家来说，要想不陷入徒劳无功的空想，真正做出一些技术上的发明，就必须严格用力学定律来指导工作。在很多发明家的心中，可能都会遵循能量守恒定律这个原则，并把它视为唯一的原则。其实，还有一个原理也是不容忽视的，那就是重心运动定律。如果忽视这条定律，就可能钻进牛角尖，做很多无用功，白白浪费精力。

重心运动定律指：一个物体或者一个系统在运动的时候，它的重心不会因为内力的作用而改变。比如，一颗飞行中的炮弹发生了爆炸，那么在弹片落地之前，所有弹片的重心仍然沿着炮弹的飞行轨迹运动。这里还有一种特殊的情形：如果在一开始的时候，物体的重心处于静止状态，也就是说，物体本身是静止的，那么不管它的内力有多大，它的重心位置都不会改变，重心也不会运动。

在前文中，我们讲到，对于生活在地球上的我们来说，是不可能利用肌肉的力量推动地球的。关于这一点，我们还可以利用这一定律进行解释。

不管是地球作用于人体的力，还是人体作用于地球的力，都是内力，所以都不可能使地球和人体这个系统的重心产生移动。当我们跳起来再落回到地面，地球也会回到它原来的位置。

下面，我们举一个例子，这个例子很有意思，通过这个例子，我们可以看出：如果不遵循重心运动定律，一定会得出错误的结论。

有一个发明家想设计一种新型的飞行器。他是这么说的："如图14所示，这个半圆形的管子是闭合的，它由两部分组成，分别是弧形部分*ACB*和水平部分*AB*。我们在管子中装入一种液体，使它在螺旋桨的带动下不停地流动，流动的方向如图所示。那么，当液体在弧形部分流动的时候，

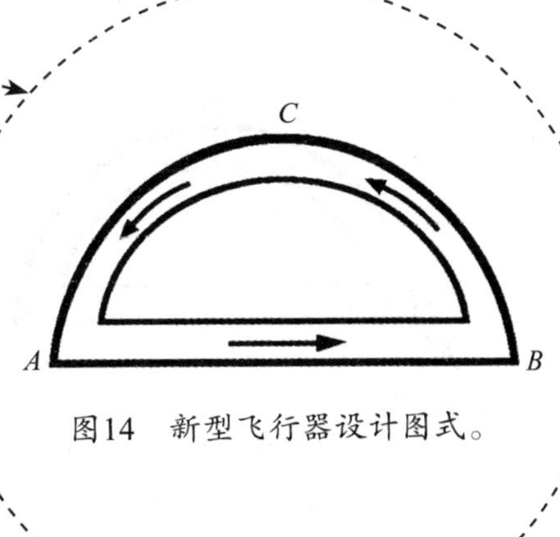

图14　新型飞行器设计图式。

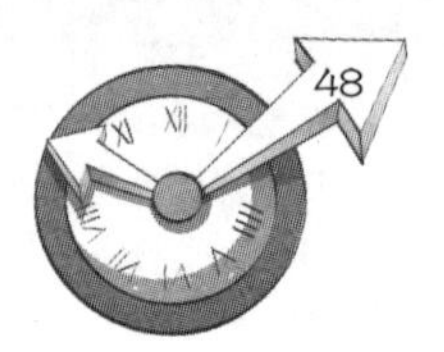

就会产生离心力，这个力会压向管子的外壁，也就是产生如图15所示的力P，而且，这个力的方向是向上的。很明显，在水平管子里，液体并不会产生离心力，所以没有反方向的作用力。于是，我们得出结论：如果管子里的液体流动的速度足够快，产生的离心力P完全可以把这个闭合的管子顶起来。”

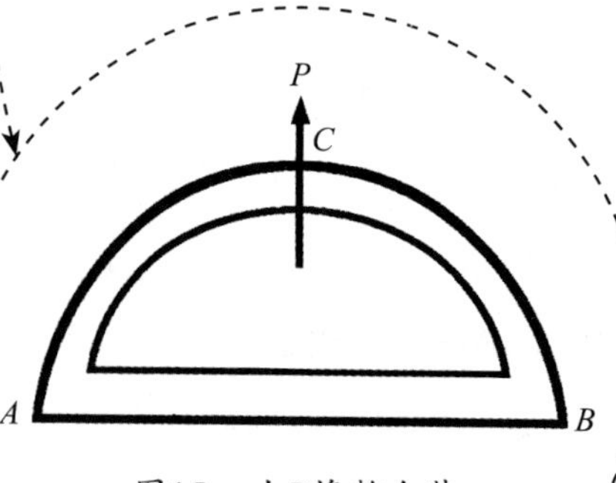

图15　力P将整个装置向上带动。

对于这个发明家的说法，你赞同吗？其实，不需要进行多么深入的研究，我们就可以断定：这个管子不可能运动起来。事实上，这里的作用力仍然是内力，所以根据重心运动定律，它不可能使这个系统——管子、液体和螺旋桨产生运动。所以我们说，这个系统是不可能运动的。

在这个发明家的论证中，忽视了什么东西呢？

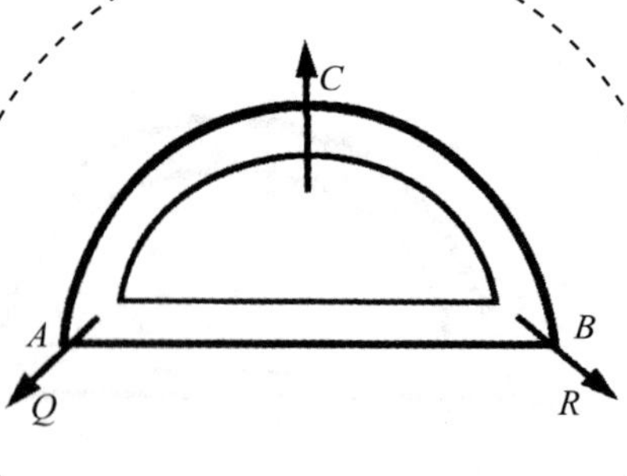

图16　新型飞行器飞不起来的原因。

其实，我们很容易就可以找到，他在论证这个系统的时候，只考虑到了弧形部分的离心力，并没有考虑到，在液体转弯的地方，也就是点A和点B，如图16所示，也会产生离心力。虽然这部分的曲线很短，但是转弯的角度却很大。也就是说，这里的曲率半径非常小。由于曲率半径越小，离心效应就会越大，所以在这两个急转弯的地方，会分别产生一个向下的力Q和R，这两个力把向上的离心力P给平衡掉了。但是，在刚才发明家的分析中，却把这两个力忽视了。此外，如果他知道重心运动定律，也一定知道自己的分析是错误的。

早在400多年前，**达·芬奇**曾说过："从某种程度上来说，正是有了力学定律，才使得发明家和工程师不会把不可能的东西送给别人。"

列奥纳多·达·芬奇（1452~1519），意大利文艺复兴三杰之一，是世界的艺术巨匠和科学巨匠，代表作有《蒙娜丽莎》《最后的晚餐》等。

飞行中的火箭，重心在哪里

在人们的观念中，常常以为动力强劲的喷气发动机并不遵守重心运动定律。比如，很明显，火箭在飞向月球的过程中，只受到内力的作用，但是它的重心却飞到了月球上。初看起来，这似乎有一定的道理，那这个现象该如何解释呢？的确，火箭在飞行前，重心在地球上，当它飞到月球上后，它的重心就跑到了月球上，好像真的破坏了重心运动定律。

我们应该如何反驳这一结论呢？其实，在上面的分析中，我们还

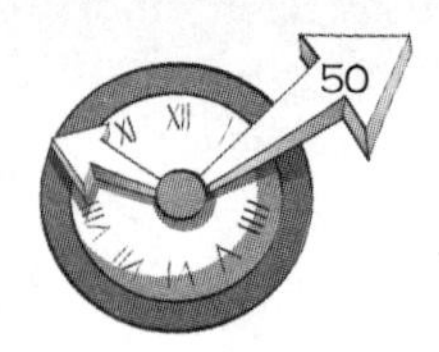

是忽略了一些东西。我们知道：火箭在飞向月球的时候，会喷出气体，如果这些气体没有碰到地球，那么火箭就不会飞到月球上，它的重心就不可能转移到月球上。而且，飞到月球的只是火箭的一部分，有一些燃烧的产物向着反方向飞到了地球上。所以，对于整个系统来说，火箭的重心（力学上常称之为惯性重心）仍然在火箭起飞前的那个地方。

刚才，我们提到了火箭喷出的气体。其实，这些气体在喷向地球的过程中，冲击力是很大的，所以在这个系统中，我们还应该把整个地球也计算进去，不应该只分析火箭，而是应该考虑地球与火箭组成的这个大系统。在火箭喷出的气体作用下，地球也会发生移动。而且，地球移动的方向跟火箭的惯性中心移动的方向是相反的。我们知道，地球的质量比火箭的质量大得多，所以哪怕地球只是进行了非常小的移动，也足以抵消火箭飞向月球所进行的移动，从而使整个大系统的惯性中心保持不变。从理论上说，地球移动的距离比火箭要小得多，大概只有火箭的几百万亿分之一。

通过刚才的分析，我们可以看出，即便在这种特殊的情况下，重心运动定律也同样适用。

Chapter 3
重力现象

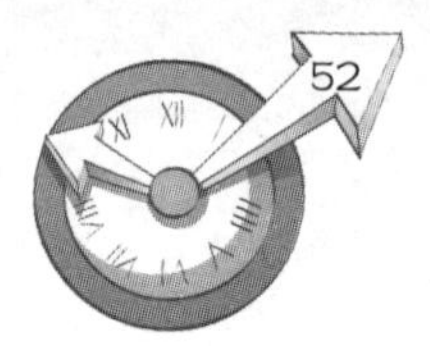

悬锤和摆的神奇作用

在科学研究中，我们会使用到各种各样的仪器，悬锤和摆可能是最简单的了。不可思议的是，虽然它们非常简单，但却可以帮助我们得到令人惊叹的结果。比如，借助它们，我们可以把思想深入到地球的内部，探测到地下几万米的地方。对于这一点，我们除了惊叹，还应该感叹。要知道，世界上最深的钻井也只能到达几千米的地方，跟悬锤和摆所探测的深度比起来，差远了。

图17　地层里的空隙A和密层B都会使悬锤产生偏斜。

悬锤的这一功用是可以用力学原理解释的。如果地球是完全均匀的，那么我们可以计算出悬锤在任何一个地方的方向。但是，我们知道，地球是不均匀的，在地表或者地下，它的质量分布是有差异的，所以实际方向就会跟理论方向有偏差，如图17所示。在高山附近

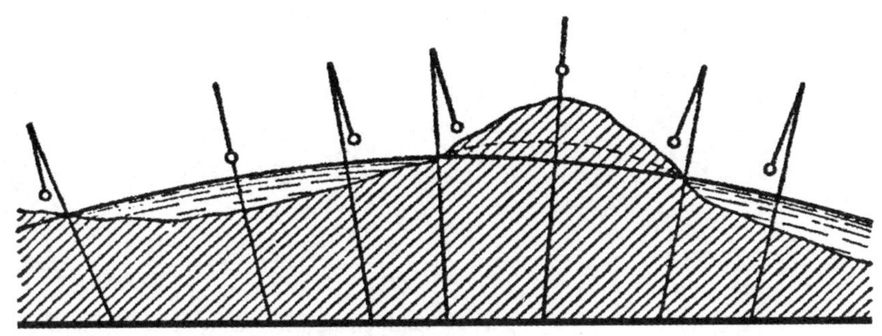

图18　地面的起伏和悬锤方向的变化关系。

的某个点，悬锤会偏向山顶的方向，而且，在距离山顶越近的地方，由于山的质量越大，偏得就会越多，如图18所示。反过来，如果地下有空隙，悬锤就会被吸引到旁边去，就好像空隙会排斥悬锤一样。这是因为有了空隙，旁边的质量要大一些，于是就把悬锤吸引了过去。而且，不仅空隙会排斥悬锤，只要它下方物质的密度比地球地层的密度小，也会受到排斥，只不过它受到的排斥力比较小而已。由此可见，我们可以通过悬锤来研究地球内部的构造。

除了悬锤，摆也可以用来进行这方面的研究，而且，它的作用更大。对于摆来说，只要摆动的幅度不是很大，一般在几度之内，那么不管它的摆动幅度是多少，它摆动一个来回的时间（也就是摆动周期），都与摆动的幅度无关，而只与摆的长度和它所在位置的重力加速度有关。当摆的摆动幅度比较小的时候，它完成一次全摆动，也就是周期T与摆长l、重力加速度g的关系为：

$$T=2\pi\sqrt{\frac{l}{g}}$$

其中，如果摆长 l 的单位是米，那么重力加速度的单位就应该取米／秒^2。

在研究地质结构时，我们通常使用“秒摆”。这种“秒摆”每秒向一个方向摆动一次，一个来回算两次，也就是摆动周期为2。所以，可以得到下面的式子：$\pi\sqrt{\frac{l}{g}}=1$，变化可得：

$$l=\frac{g}{\pi^2}$$

从式子中可以看出，摆长与重力是成正比关系的，重力的变化可以在摆长上体现出来。在不同的地方，需要通过改变摆长，保证摆每秒摆动一次。在重力加速度变化非常小时，也可以使用这种方法。其实，这个问题比我们想象得要复杂多了，所以在本文中不做深入研究和讨论，这里只举几个非常有意思的例子。

如果在海岸边进行这个实验，我们可能会认为：悬锤应该偏向大陆一侧，就像它会偏向山顶的方向一样。但是，有人通过实验证实，这个想法是错误的。实验发现，在海洋和海岛上，重力加速度要比海岸边大，海岸边的重力加速度又比远离海岸的大陆大。这是什么原因呢？很明显，这说明了一个问题：远离海岸的大陆底下的地质比海洋下的要轻。正是基于这一点，地质学家对我们生活着的地球的内部构造和外壳岩石成分进行了推测。

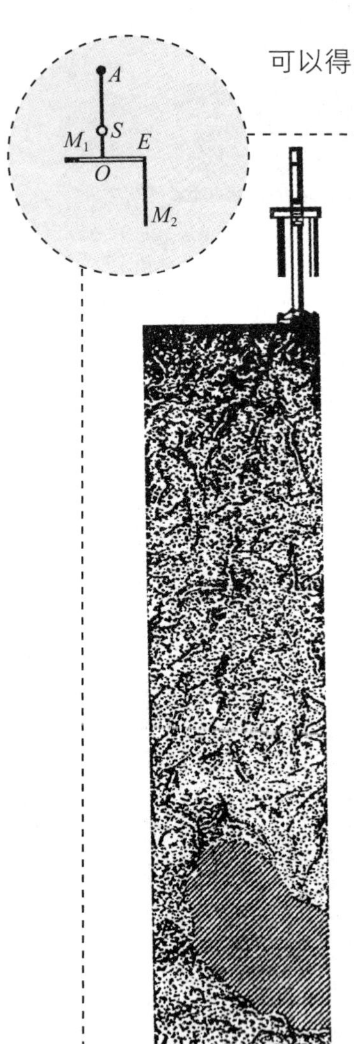

图19　异常重力测量图。右上图是可变引力仪器原理示意图。

如图19所示，这种方法还被用于查明“地磁异常区”的原因，并且取得了非常好的效果。

此外，在一些跟物理毫不沾边的学科中，物理学也有很实际的应用，比如，下面的例子就非常典型。

我们都知道，地球并不是圆形的，在构造上也不是很均匀，这对于人造地球卫星的运动是非常不利的。从理论上来说，如果人造地球卫星是在山脉的上空或者地质密度非常大的地域上空飞行，那么它受到的地球引力应该比较大，所以运动速度也应该比较快。当然了，只有当人造地球卫星在比较高的高空运行的时候，才具有这个特性。因为在比较高的高空，空气阻力不会影响卫星的自然运动。通过人造地球卫星运动速度的核变化，人们可以非常精确地测量出重力的变化。

在水里的摆如何摆动

【题目】假设挂钟的钟摆可以在水里摆动，并且摆锤的轨迹是流线型的。这样的话，水的阻力几乎为0，可以忽略不计。那么，钟摆在水中的摆动周期与在水外面相比，是变大了还是变小了？或者说，钟摆是在水里摆得快，还是在空气中摆得快？

【解答】初看起来，你可能会觉得，不管是在水中还是在空气中，摆锤受到的阻力都非常小，似乎可以忽略不计，所以对摆动周期的影响也应该很小。但是，实验发现，哪怕介质阻力变化非常小，也可以明显地体现在摆的摆动上。

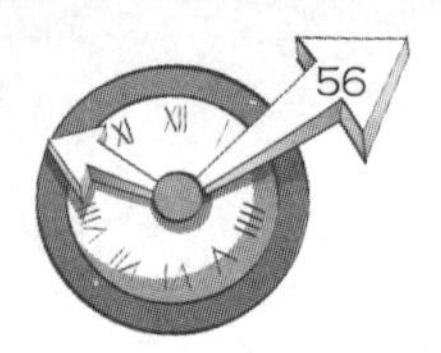

我们可以这样解释这个奇怪的现象：对于所有浸在水里的物体，都会受到水的排挤。这会使摆的重力减小，却不会减小摆的质量。所以，我们可以将摆在水里摆动看作摆在一个重力加速度稍微小一些的行星上摆动，道理是一样的。根据下面的式子：

$$T = 2\pi\sqrt{\frac{l}{g}}$$

我们可以得出，如果重力加速度变小，摆动周期就会变大，因此摆在水里的时候会摆得慢一些。

在斜面上下滑的容器

【题目】如图20所示，在斜面CD上放有一个装有水的容器。当容器在斜面上不动的时候，水面AB是水平的。假设斜面非常光滑，如果让容器沿着斜面向下滑，容器里的水面AB还是水平的吗？

图20　盛有水的容器沿斜面下滑，容器中的水平面还能保持水平吗？

【解答】通过实验，我们可以得到这样的结论：当盛有水的容器沿着没有摩擦力的斜面滑下去的时候，容器里的水面跟斜面是平行的。这是为什么呢？

如图21所示，对于容器里的水来说，任意质点的重力P都可以分解为力Q和R。力R会使容器和水沿着斜面CD运动。此时，由于容器和水的运动速度是一样的，所以每个质点对杯壁的压力和静止时也是一样的。而分力Q则使质点对容器的底部形成了一个压力。每个质点的分力Q都对容器底部形成了压力，它们的合力与重力对所有静止液体的压力是一样的，这就使得水面AB垂直于力Q的方向。也就是说，水面AB与斜面CD是平行的。

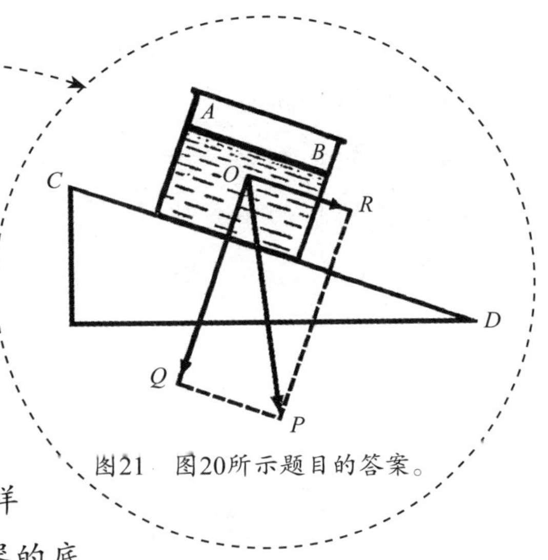

图21　图20所示题目的答案。

如果将问题变化一下，让容器在斜面上匀速滑行呢？也就是有摩擦力存在，这时，水面会是什么样子？

我们很容易得出：这时候，容器里的水面并不是倾斜的，而是水平的。关于这一点，我们可以这样分析：容器进行的是匀速运动，所以在机械现象上，它跟静止状态是一样的，不会有任何变化。

那么，上述解释是否正确呢？我们说，这是非常正确的。容器在斜面上进行的是匀速运动，所以对于容器壁来说，质点并没有产生加速度，而对于容器里的水来说，质点在力R的作用下，会压向容器壁。所以，水的质点会受到力R

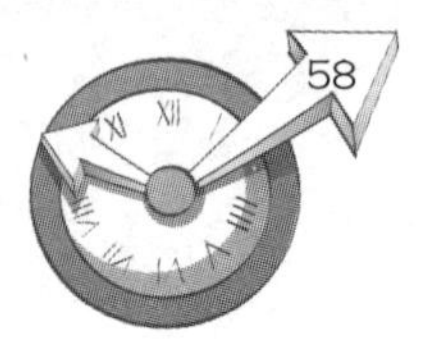

和力Q的作用，最终形成了一个合力P，合力P就是质点的重力，它的方向是竖直的。也就是说，这时候的水面AB是水平的。可能在运动一开始，容器还没有进行匀速运动的时候，容器里的水面不是水平的，不过这段时间会非常短，一旦容器开始进行匀速运动，水面就会变成水平的。

为什么“水平线”不水平

在上一道题目中，如果在斜面上下滑的容器中装着的不是液体，而是一个人，这个人的手里拿着一个水平器，那么这个人会看到什么现象呢？

我们知道，在静止的时候，这个人会贴向容器的水平底部，当他在斜面上下滑的容器里时，身体会贴向倾斜的容器底部。所以，对于里面的人来说，倾斜的容器底面就像是水平的。对他来说，运动开始之前的水平方向现在变成倾斜的了。所以，展现在这个人面前的将是一幅非常怪异的画面：所有的房子、树木都是倾斜的，远处池塘的水面也是倾斜的，其他所有的景物都是倾斜的。如果这个体验者不敢相信眼睛所看到的，他可以把手里的水平器放到容器的底面。这时候，水平器可以告诉他：容器的底面才是水平的。换句话说，对于容器里的这个人来说，他所看到的水平方向跟我们平常所看到的是不一样的。

需要指出的是，总的来看，不管在什么时候，如果我们没有意识到自己的身体偏离了竖直状态，那么我们就会认为周围环境中的所有物体都是倾斜的。就像驾驶飞机的飞行员转弯，或者我们在旋转木马上旋转，都会觉得周围的整个环境是倾斜的一样。

有时候，一块完全水平的地面也会让我们感觉它并不是水平的，哪怕我们是在修建严格的水平道路上运动，而不是在倾斜的道路上前进。举个例子来说，在火车进站或者火车出站时，火车是做减速或者加速运动的，对于坐在车厢里的我们来说，就会发现这种情形确实存在。

实际上，当火车运动的速度逐渐降低的时候，我们可以观察到：坐在车厢里的我们会感觉好像地板朝着车头的方向降低了一些。如果我们朝着火车运动的方向走动，就会感觉自己在走下坡路。但是，如果我们朝着火车运动的反方向走去，就会感觉自己在向高处走。如果火车从车站开出，速度慢慢变快，那么情形就会正好相反。

我们做一个实验，解释一下这一现象的原因。实验很简单，只需要准备一个装有甘油等黏稠液体的杯子就可以。在火车速度变快的时候，杯子中的液体就会倾斜起来。如果读者朋友们心细的话，可能见过车厢顶部的水槽里发生的现象：在雨天，火车进站，车顶水槽中的雨水就会往前方流；当火车出站，水就会向后方流。水槽里的水之所以会这么流，是因为当火车运动的时候，水面会在火车加速度方向的反方向升高。

下面，我们来分析一下为什么会出现这种有趣的现象。我们以坐在火车里的人，而不是站在火车外的人作为观察者，来进行研究。对于坐在火车里的人来说，他真实地感受到了火车的加速或者减速运

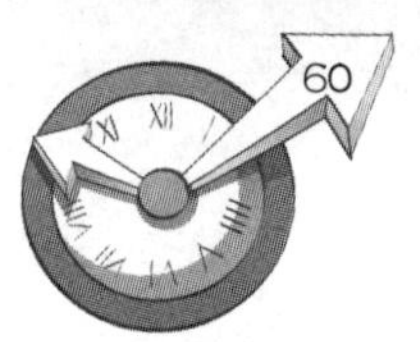

动，他觉得自己和观察到的现象是静止的。当火车的速度变快的时候，他眼中原本静止的东西会对火车后侧的车厢壁产生一个压力，就好像它们以同样大小的力压到了车厢壁上一样。如图22所示，在这一刻，他受到了两个力的作用，分别是与火车运动方向相反的力R和压到地板上的重力P，这两个力的合力为Q，他以为力Q是竖直状态的，也就是OQ是竖直的。而垂直于OQ的MN则是水平的。所以，本来处于水平方向的OR，在他看来是倾斜的，就好像朝着火车运动的方向抬高了一样，如图23所示。

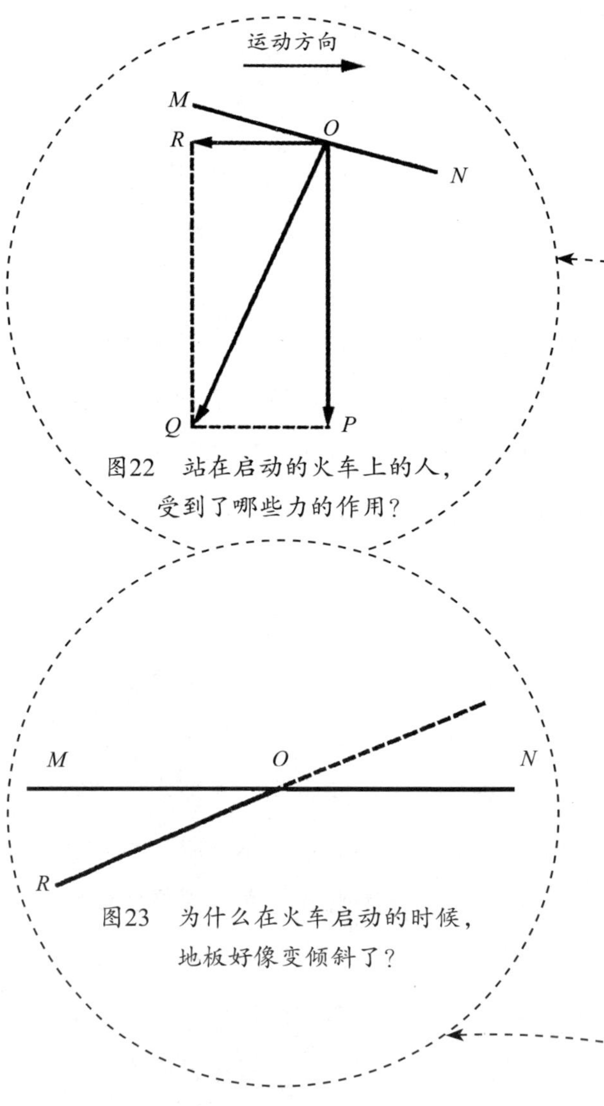

图22　站在启动的火车上的人，受到了哪些力的作用？

图23　为什么在火车启动的时候，地板好像变倾斜了？

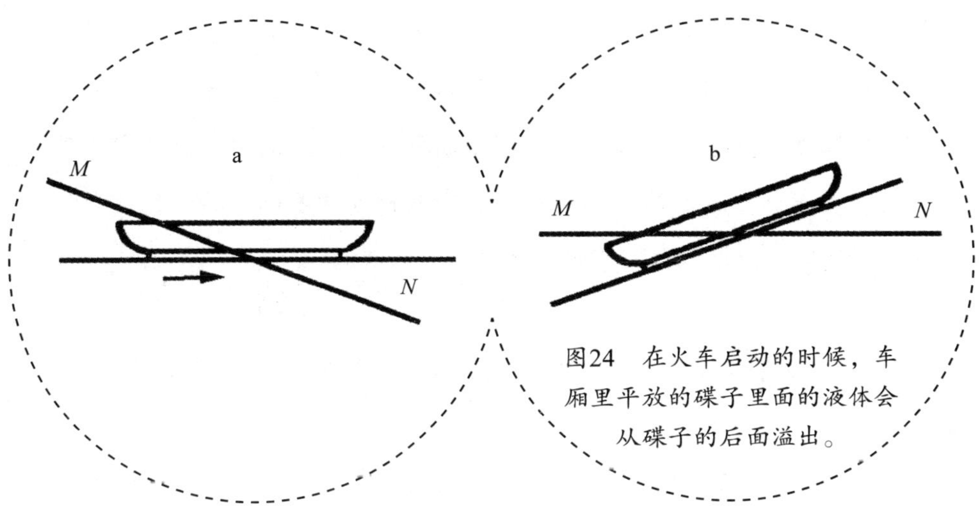

图24　在火车启动的时候，车厢里平放的碟子里面的液体会从碟子的后面溢出。

在这种情况下，如果在桌子上放一个碟子，里面装有一些液体，那会出现什么现象呢？如图24（a）所示，我们知道，观察者眼中的水平方向是*MN*，与液面不平行，所以对于他来说，就会看到图24（b）中的情形。假设火车运动的方向为图中箭头指示的方向，那么在火车开动的时候，碟子里面的液体就会像图中那样倾斜。所以，当火车开动的时候，碟子里的液体会从碟子的后面溢出来。同样的道理，如图25

图25　火车启动的时候，车厢中的乘客会向后仰。

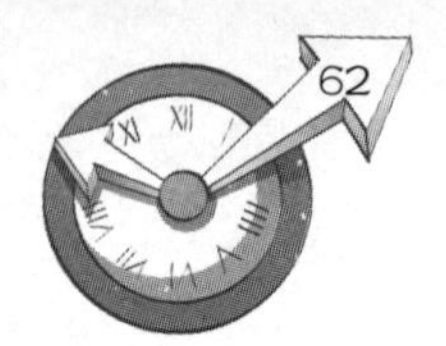

所示，我们可以很容易理解，当火车开动的时候，为什么车厢里站着的人会向后仰。对于这个现象，很多读者都有过切身的体验，但是通常的解释是，我们的两只脚被火车带动着向前了，而整个身体和头部却仍然停留在原来的状态。即便是伟大的物理学家伽利略，也这么认为。下面的一段话摘自他的著作，就是这么说的：

> 如果我们让一只盛水的容器沿着直线做一种非匀速的运动，比如，一会儿加速，一会儿减速，那么我们会看到这样的现象：容器里的水跟容器本身的运动并不是完全一致的。当容器的运动速度降低的时候，水仍然按照原来的速度前进，也就是向前方流动，所以容器前部的水位会升高。如果反过来，容器运动的速度突然变快，容器里面的水仍然以原来比较缓慢的速度运动，容器后部的水位就会升高。

一般来说，这个解释跟前面提到的实际情况都符合。但是如果从科学的角度来说，一个解释不应仅仅表现在符合实际情况，还应该能够以量化的形式表达出来，这会显得更有价值。所以我们可以说，关于脚下地板变得倾斜的解释，与伽利略的解释比起来，更有价值。前面的解释可以让我们对这个现象进行量化的考察，而伽利略的解释是做不到这一点的。举个例子来说，在图25中，如果火车从车站开出时的加速度为1米／秒^2，那么我们可以很容易计算出新旧两条竖直线之间的夹角QOP。由于力跟加速度是成正比的，所以在三角形QOP中：

$$QP:OP=1:9.8\approx 0.1$$

可得：

$$\tan\angle QOP=0.1$$

$$\angle QOP\approx 6°$$

也就是说，如果在车厢的顶部挂一个重物，当火车开动时，它的倾斜角度是6°。同样的道理，对于脚底下的地板来说，当火车开动时，就好像倾斜了6°。所以，如果我们在这样的车厢里走动，就好像在一个6°的斜坡上行走一样。如果用伽利略的那个解释来研究这一现象，就无法得到这样的数据。

不过，细心的读者可能已经发现了，对于这两种解释，它们的分歧只是观点不同而已。伽利略的解释是以站在火车外面的固定不动的观察者所看到的现象进行分析的，而前面的解释则是以亲身参与了火车运动的观察者所看到的现象来分析的。

有磁力的山

如图26所示，在加利福尼亚州有一座山，经过那里的司机都认为这座山是有磁性的。原来，那里会发生一个奇怪的现象：在山脚下有一小段倾斜的路，长度大概有60米。当汽车在这段倾斜的道路上向下行驶的时候，如果把汽车的发动机熄火，汽车会往后退，向道路的高处运动，

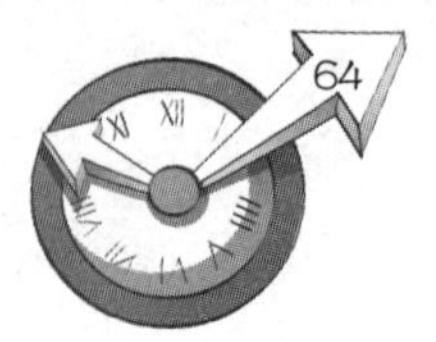

就好像汽车被山上的“磁力”吸住了一样。

关于这个奇怪的现象，很多经过那里的人都有切身体会，所以有人甚至在这段公路的边上，立了一块木牌，把这一现象进行了说明。

但是，也有一些人对这个现象表示了怀疑。并且对这段道路进行了平准性的测量和研究，结果发现，人们以为是下坡路的路段，实际上并不是真的向下倾斜，而是有一个向上的坡度，角度大概是2°，这个角度完全可以让汽车在熄灭发动机的状态下滑行。

在一些山地也经常会出现这种“视觉欺骗”的例子，所以也发生了很多看起来非常神奇的故事。

图26　加利福尼亚州的“磁山”。

"流向高处"的河水

在一些旅行家的日记或者口述中，经常谈到河里的水沿着斜坡向上流的现象。对于这一点，我们可以解释为视觉上的错觉。下面的这段文字，就是关于这种"外部感觉"的，它摘录自一本关于生理学的书：

> 当我们判断一个方向是水平的，还是倾斜的；是向上倾斜的，还是向下倾斜的……经常会得出错误的结论。比如，当我们沿着一段向下倾斜的道路行进的时候，如果倾斜的角度很小，并且远处有一条道路与这条道路相交，我们就会认为那条道路倾斜的角度比较大。等走近了却发现，这条道路并没有自己想象那样陡峭。

为什么会产生这样的错觉呢？这是因为，我们把一开始走的那段路看成了一个平面，并以这个平面作为基准来衡量另一条道路的倾斜度。很多时候，我们都会这么认为，所以很自然地就会把远处的那条道路看成倾斜角度很大的道路。产生这样的错觉的原因是：对于2°到3°的坡度来说，我们的肌肉并不能真正地感觉到。更有意思的是另一种现象，也是一种错觉：在一些地面不平的地方经常会有这种感觉，就是小河向

山里流去，比如，下面的一段文字，也是摘录自前面的那本书：

当我们沿着小河行走，河边的道路稍微有一点儿向下倾斜。如果小河的水面坡度比较小，几乎成水平状态，如图27所示，那么我们就会以为水正在沿着斜坡向高处流去，如图28所示。在这里，我们也会认为倾斜的道路是水平的。因为当我们走路的时候，会不自觉地以站立的平面作为基准面，认为这个平面是水平的，并以此来判断其他平面是否水平。

图27　沿着小河行走，河边的道路稍微有一点儿向下倾斜。

图28　行走的人感觉河水在往高处流。

铁棒会停在什么位置

如图29所示，铁棒的正中心钻有一个孔，在这个孔里，穿着一条非常牢固的细金属丝，使这根铁棒能够沿着水平轴线旋转。请问：如果转动这根铁棒，它最后会停在什么位置？

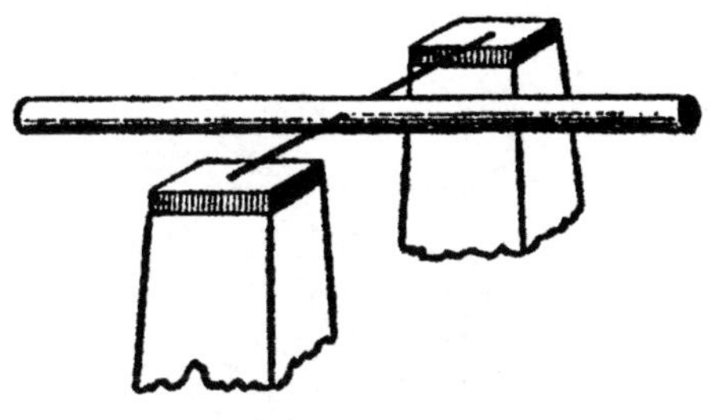

图29　如果转动这根铁棒，它最后会停在什么位置？

通常情况下，人们可能会认为：铁棒最终会停在水平位置，只有这个位置才能使它保持平衡。但是，他们可能没有想到，这根铁棒可以在任何位置保持平衡。

怎么样，这个答案是不是非常简单？但是，为什么对于这个答案很多人却无法认同，也不相信呢？这是因为，在日常生活中，我们所见到的都是在棒子的中央拴一条线把它挂起来，对于这样的棒子来说，确实在水平位置才能保持平衡，所以人们就想当然地认为，对于这

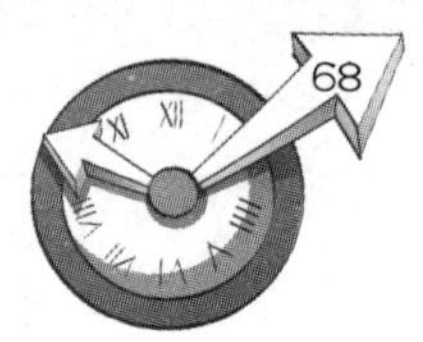

根中间穿着金属丝的铁棒来说，也是在水平位置的时候才能保持平衡。

但是，用线挂起来的棒子和在中间轴上穿着金属丝的棒子是不一样的。严格来说，对于在中间轴上穿着金属丝的棒子来说，孔的位置正好是棒的重心位置，它可以在任何位置保持平衡。而对于挂起来的棒子来说，悬挂的点并不是在重心位置。如图30所示，如果是挂起来的棒子，悬挂点并不是在它的重心位置，而是在重心偏上的地方。对于这样悬挂着的棒子来说，它的重心跟悬挂点是在一条竖直线上，只有这时，才能保持这根棒的平衡。如果把这根棒子倾斜，它的重心就会离开这条竖直线，如图30（b）所示。这种常见的现象，使很多人都产生了错觉，认为放在水平轴上的这根铁棒不可能停留在倾斜的位置上。

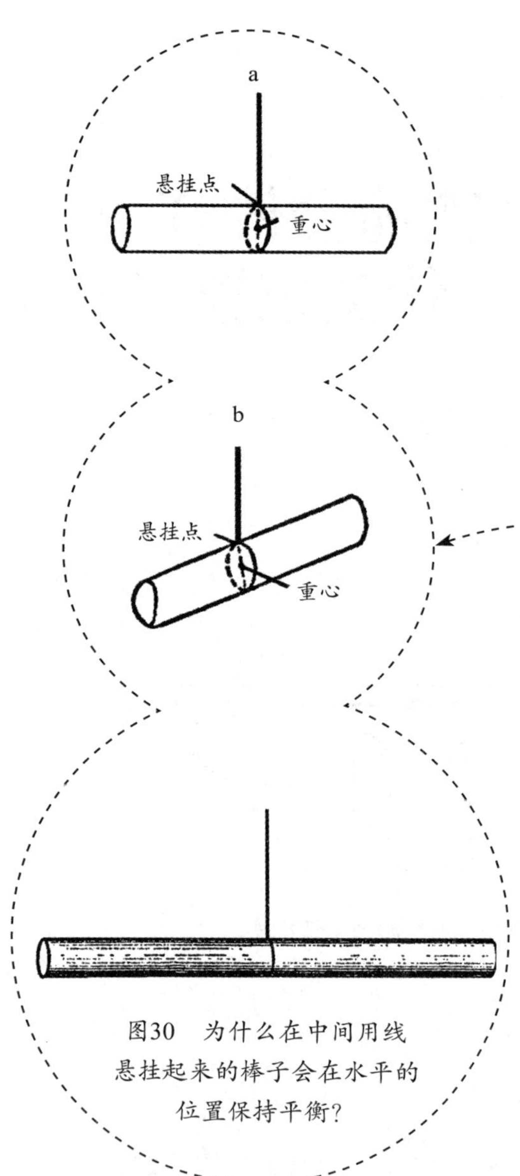

图30　为什么在中间用线悬挂起来的棒子会在水平的位置保持平衡？

Chapter 4
下落与抛掷

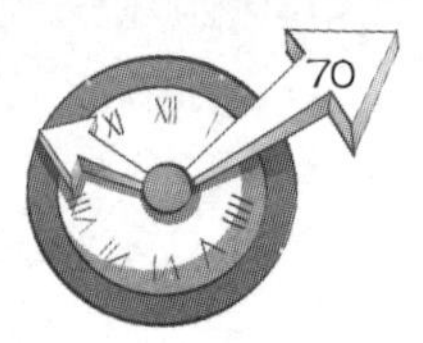

“七里靴”与“跳球”

有一个童话讲道：只要穿上一种叫“七里靴”的靴子，就可以日行千里。今天，这个童话中的情景正在通过一种独特的形式变成现实。有一个中号的旅行箱，在箱子里面装着一个气球做成的小气囊，以及一套可以给气球提供氢气的装置。需要的时候，可以把旅行箱里面的气囊取出来，并打入氢气。这样，一个直径达5米的气球就出现了。如图31所示，人们把气囊背在身上，就可以跳得很高，而且还不需要担心会飞得太高，因为气球的上升力比人的体重要小一些。

图31 背着气球跳跃。

如果人真的背上这个气球进行跳跃，他到底可以跳到多高的高度呢？这真是一个有趣的题目。

我们假设人的体重比气球的上升力只多1千克。也就是说，如果不考虑气球的上升力，人的体重只有1千克，这个体重只有人正常体重的$\frac{1}{60}$，那么人跳起的高度是不是能达到正常起跳的60倍呢？

下面我们就来计算一下。

对于背着气球的人来说，他所受到的地球引力为1千克，也就是大概10牛顿。气球自身的质量大概是20千克。也就是，10牛顿的力作用于质量为20+60=80千克的物体上。那么，在10牛顿力的作用下，这个80千克的物体得到的加速度a是：

$$a=\frac{F}{m}=\frac{10}{80}=0.12\text{（米/秒}^2\text{）}$$

在正常的情况下，如果不借助任何工具，一个人所能跳起的高度最多也就是1米。如果是1米的话，那么他跳起来的初速度可以用下面的式子来计算：

$$v^2=2gh$$

所以：

$$v=\sqrt{2gh}\approx 4.4\text{（米/秒）}$$

对于身上背着气球的人来说，他跳起的时候给自己的初速度应该比这个速度要小一些，而它们的比值应该等于人的正常质量与人和气球的总质量的比值。对于这一点，可以从式子$Ft=mv$中得出。在同样的作用时间t内，力F是一样的，所以它们的动量mv也相等。而质量跟速度是成反比的，当一个人背着气球的时候，他跳起来时的初速度就是：

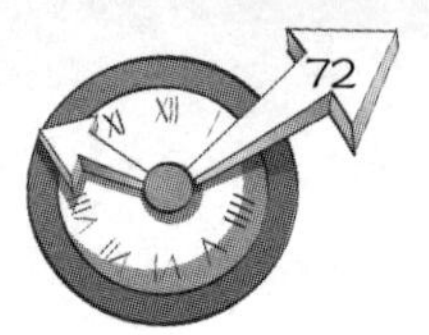

$$4.4\times\frac{60}{80}=3.3\text{（米／秒）}$$

根据公式 $v^2=2ah$，我们可以很容易地得出，背气球的人跳起来的高度是：

$$3.3^2=2\times0.12\times h$$

$$h\approx45\text{（米）}$$

也就是说，即便做了最大的努力，在正常状态下，这个人最多也就能跳起来1米高，但是如果他背了这种气球，可以轻松跳起45米高。

如果我们计算一下跳跃时间，也会得出非常有趣的结论。在前面，我们得出了加速度的值为0.12米／秒^2，跳起的高度是45米，所以需要的时间可以根据下面的式子来计算：

$$h=\frac{1}{2}at^2$$

$$t=\sqrt{\frac{2h}{a}}=\sqrt{\frac{9000}{12}}\approx27\text{（秒）}$$

也就是说，这个人跳起来再落回地面需要54秒的时间。

不得不说，跳跃是非常缓和的。因为跳起的加速度非常小，只有0.12米／秒^2。谈到跳起来的感觉，如果不使用气球的话，我们可能只有在重力加速度比地球小很多的行星上才能体会到。

在刚才的计算中，我们没有考虑空气阻力的影响。后面的计算中，我们也不打算考虑。其实，这些公式都是在理论力学中得出的。如果考虑空气阻力，也就是在实际情况下计算跳起来的高度和需要的

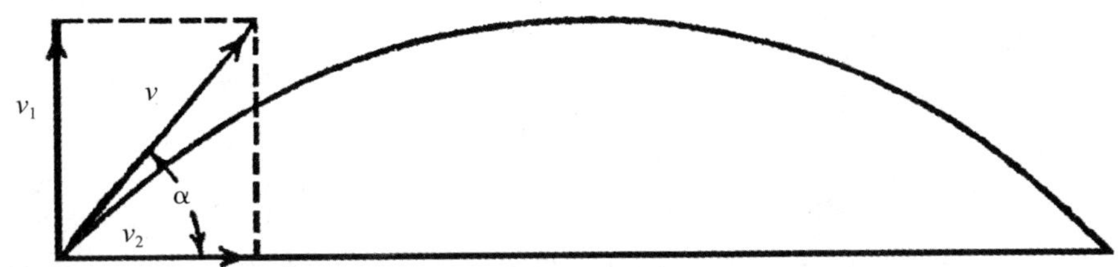

图32　与水平线成α角度起跳的行进路线。

时间，得出的结果会小得多。

刚才我们计算出了跳起的高度，下面我们不妨再来计算一下跳出的最远距离。可以想象，如果这个人想跳出最远的距离，他必须选择好角度。我们假设这个角度为α，也就是跳起的方向与水平线的角度为α，如图32所示，那么跳起时的速度v可以分成两个速度，一个是竖直方向的，一个是水平方向的，我们分别将它们记为v_1和v_2。于是，我们有了下面的关系：

$$\begin{cases} v_1 = v\sin\alpha \\ v_2 = v\cos\alpha \end{cases}$$

假设过了t秒后，这个人上升到了最高点，那么：

$$v_1 - at = 0$$

可得：

$$v_1 = at$$

可得：

$$t = \frac{v_1}{a}$$

上升的时间和落下的时间是相等的，所以这个人从跳起到落下的时间就是：

$$2t=\frac{2v\sin\alpha}{a}$$

而速度 v_2 在这个人上升和落下的整个过程中，都保持不变。也就是说，在水平方向上，这个人是匀速运动的，所以跳过的距离为：

$$\begin{aligned}S&=2v_2t=2v\cos\alpha\ \frac{v\sin\alpha}{a}\\&=\frac{2v^2}{a}\sin\alpha\ \cos\alpha\\&=\frac{v^2\sin2\alpha}{a}\end{aligned}$$

距离 S 在$\sin2\alpha$取最大值的时候有最大值，而$\sin2\alpha\leqslant1$，所以当$\sin2\alpha=1$的时候，S 有最大值。这时，$2\alpha=90°$，$\alpha=45°$。也就是说，如果不考虑空气阻力，这个人沿着斜向前45°的方向跳出去，可以跳出最远的距离。只要把各项数值代入下面的式子，我们就可以计算出这个最远的距离：

$$S=\frac{v^2\sin2\alpha}{a}$$

在这里，我们仍取用前面的数值，即：

$v=3.3$（米／秒），$\sin2\alpha=1$，$a=0.12$（米／秒^2）

可得：

$$S = \frac{3.3^2}{0.12} \approx 90（米）$$

从结果可以看出，如果背上这种气球，一个人可以跳到45米高和90米远。换句话说，背上这种气球，完全可以跳过几层高的楼房，如图33所示。

其实，我们完全可以自己设计一个这样的实验。找一个儿童玩的气球，在它下面挂一个纸片做成的人，使这个“人”的重力比气球的上升力稍微大一些。那么，我们只需要稍微碰一下这个气球，这个“人”就会跳起来，过一会儿后又会再落下来。需要注意的是，空气阻力可能会影响这个“人”跳起的高度和跳出的距离。

图33　背着气球跳跃。

“肉弹表演”

我们来看一个非常有趣的杂技，人们通常称它为“肉弹表演”，它的表演方式是这样的：将一个人放进炮膛里。从炮口把这个人发射出去。这个人在空中划出一道弧线，然后落到距离炮膛30米的一个网上，如图34所示。

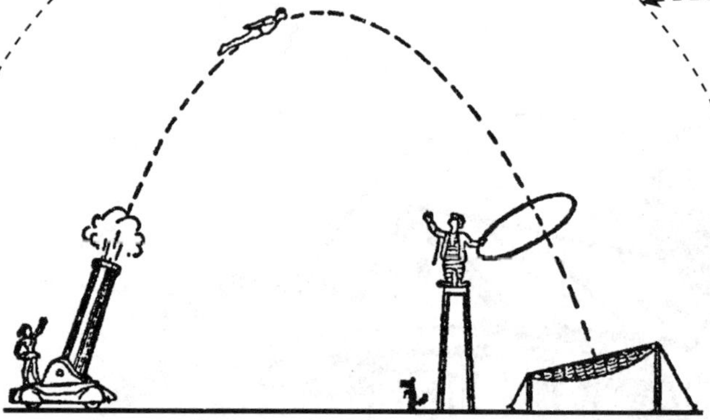

图34　“肉弹表演”。

需要注意的是：这里提到的炮和发射都应该加上引号。其实，它们都不是真的炮，而且也不是真的发射。当表演这个杂技的时候，我们确实会看到炮口冒出一股浓烟，但实际情况是，人并不是真的被炮膛里的火药给轰出去的。这股浓烟只是为了营造更加逼真的效果。实际上，把人抛出去的是弹簧，在人被弹簧抛出去的同时，点燃事先放在炮口的可以释放浓烟的物品，于是我们就产生了错觉，好像这个人真的是从炮膛里发射出去的一样。

在图35中，标出了这个杂技的一些数据。这些数据是著名的“肉弹表演”的表演者莱涅特做了大量实验后得到的：

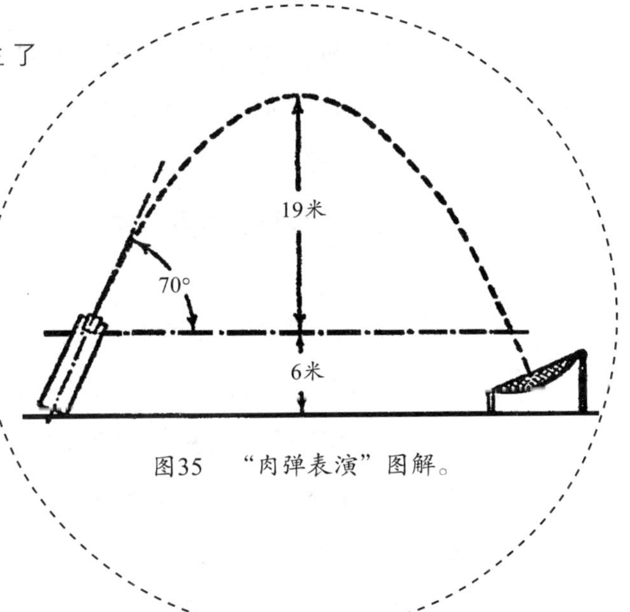

图35 “肉弹表演”图解。

- 炮筒的倾斜度：70°。
- “肉弹表演”的表演者的飞行最大高度：19米。
- 炮膛的长度：6米。

在表演这个杂技的时候，参与表演的人，也就是“肉弹”，会感受到一些奇怪的变化。在被发射的瞬间，他会感到身体被什么东西压住了一样，好像自己的体重一下子增加了。从炮膛里发射出去后，他会感觉好像没有了任何体重。最后，当落到网上的瞬间，他又感觉自己的体重猛然增加了很多。对于参与者来说，所有的这些感觉并不会对他的身体健康造成什么危害，完全在他的承受范围内。需要指出的是，对于宇航员来说，也会体会到这种感觉。所以，从某种意义上来说，对这一情形的研究是非常有意义的。

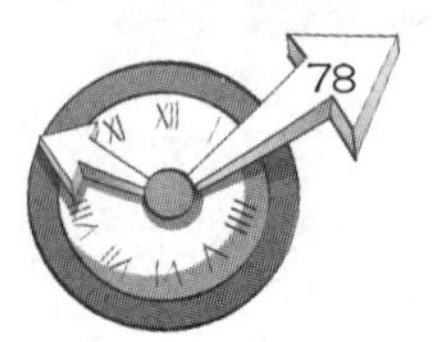

我们知道，宇宙飞船也是靠发动机升上空中的。在飞船没有达到一定速度之前，飞船里面的宇航员也会感觉自己的体重在增加。当发动机关闭、飞船进入轨道后，宇航员又会感觉自己的体重完全消失了，也就是失重了。在苏联发射的第二颗人造地球卫星上，人们把一只狗放了进去。这只狗也经受了同样的感觉，并活了下来。

下面，让我们回到刚才的表演中。

当参与表演的演员在炮膛里还没有发射出去的时候，他到底经受了多大的压力呢？换句话说，增加在他身上的重力到底有多大呢？其实，这个数值的大小是可以计算的，只要知道了这个演员在炮膛里发射时的加速度，就可以求出来了。通过前面的学习，我们知道，要想知道这个加速度的大小，就需要知道演员在炮膛里走过的距离，也就是炮膛的长度，以及演员在从炮膛里发射出去的瞬间得到的速度。在前文中，我们已经知道了炮膛的长度为6米，那么速度呢？其实，速度也可以计算出来。在前文中我们知道：这个演员飞行的最大高度是19米，所以根据前面一节得出的公式可得：

$$t=\frac{v\sin\alpha}{a}$$

其中，t 为这个演员上升过程中所用的时间，v 为发射出去时的速度，α 为炮膛的倾斜角，a 为加速度。

此外，我们还知道下面的公式：

$$h=\frac{gt^2}{2}$$

这里的h为演员上升的高度。

可得：

$$v=\frac{\sqrt{2gh}}{\sin\alpha}$$

其中，式子右边的各个数值都是我们知道的。这里，g=9.8米／秒^2，而从图35中我们知道：$h=19$米，所以速度为：

$$v=\frac{\sqrt{2\times9.8\times19}}{0.94}\approx20.6\text{（米／秒）}$$

也就是说，演员从炮膛里发射出去时的速度是20.6米／秒。通过下面的式子：

$$v^2=2aS$$

我们就可以求出演员在炮膛里得到的加速度是：

$$a=\frac{v^2}{2S}=\frac{20.6^2}{12}\approx35\text{（米／秒}^2\text{）}$$

这个加速度的大小差不多是重力加速度的$3\frac{1}{2}$倍。也就是说，除了演员自身的体重，他的身上又加上了$3\frac{1}{2}$倍的自己的体重，所以他会感觉到自己的体重增加到了原来的$4\frac{1}{2}$倍。

那么，对于演员来说，体重增加的过程会持续多长时间呢？我们可以通过下面的公式计算得到：

$$S=\frac{at^2}{2}=\frac{at\cdot t}{2}=\frac{vt}{2}$$

$$6=\frac{20.6\times t}{2}$$

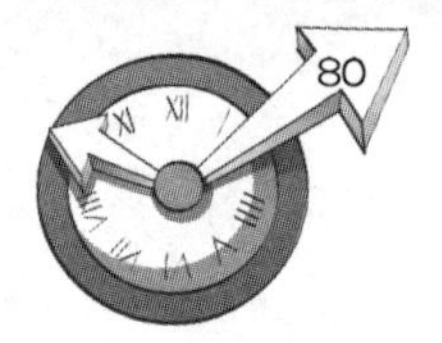

$$t=\frac{12}{20.6}\approx 0.6\text{（秒）}$$

也就是说，这个演员在半秒多钟的时间里，会感觉自己的体重增加了很多。如果这个演员的体重是70千克，那么他感受到的自己的体重将是300千克。

下面，我们不妨来深入研究一下这个有趣的杂技。当演员从炮膛里被发射出去之后，他会在空中飞行一段时间，在这段时间里，他感觉自己的体重完全失去了，那么这段时间究竟有多长呢?

在前文中，我们知道，计算演员飞行时间的公式为：

$$t=\frac{2v\sin\alpha}{a}$$

把前面的各项数值代入，可得：

$$t=\frac{2\times 20.6\times \sin 70^{o}}{9.8}\approx 3.9\text{（秒）}$$

也就是说，演员感觉失重的时间大概持续了4秒钟。

在前面的分析中，我们知道，当演员落到网上的时候，他感觉自己的体重又增加了，那么，这时增加的体重又是多少呢？持续的时间有多长呢?

我们也可以运用同样的方法求出来。如果网的高度和炮口的高度一样，那么演员落到网上的速度跟发射出炮膛时的速度是一样的。但是，在图中，网的高度要比炮口低一些，所以演员落在网上的速度要稍微大一些，不过两者的差别很小。为了使计算不过于复杂，我们这里假设这个差别可以忽略不计。那么，演员到达网上时的速度就是前面计算得出的20.6米／秒。我们已知：演员落到网上的陷下去的深度是1.5米。也就是说，演员以20.6米／秒的速度下落1.5米后速度变为0。假设演员在这个过程中的加速度不变，根据公式：

$$v^2 = 2aS$$

可得：

$$20.6^2 = 2 \times a \times 1.5$$

可得：

$$a = \frac{20.6^2}{2 \times 1.5} \approx 141 \text{（米／秒}^2\text{）}$$

由此可见，演员在落到网里的时候，加速度约为141米／秒^2，这个数值大概是重力加速度的14倍。也就是说，在从他落到网上到速度变为0的那段时间里，他会感觉自己的体重增加到了原来的15倍。幸亏这种非同寻常的感觉只持续很短的时间，否则哪怕是受过再多次训练，这种感觉也是难以承受的，会把这个人压死，因为人的肌肉力量是有限的，根本承受不了这么大的重力。

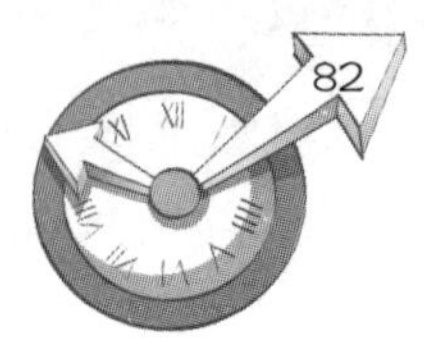

飞跃危桥

在凡尔纳的小说《八十天环游地球》中，描述了一种窘迫的处境。如图36所示，这座铁路吊桥坐落在洛杉矶，由于年久失修，吊桥的桥身损坏了，随时都可能坍掉。路过这里的一列火车想从这座桥上开过去——

图36　《八十天环游地球》中的吊桥插图。

"不行的，这座桥眼看就要坍了！"

"没关系，只要我以最大的速度开火车，运气好的话，应该可以过去。"

只见列车以难以置信的速度向吊桥驶过去，发动机的活塞达到了每秒进退20次，车轴也在呼呼冒着浓烟。整列火车就好像脱离了轨道一样，列车的重力也好像消失了……列车开过了吊桥！从断桥的一边飞过去！在列车飞过的一瞬间，吊桥一下子轰然坍塌，落到了河里。

这个故事中的情节是否真的可以实现？列车的重力真的会消失吗？我们知道，当火车行驶的速度比较快的时候，铁路的路基所承受的负荷比火车慢行的时候要大，因此在一些路基质量比较差的地方通常需要火车放慢速度。但是，在故事中，情况却是相反的，这真的可以实现吗？

其实，故事中描述的情节并非毫无道理。在某些条件下，哪怕列车底下的桥梁正在坍塌，列车也完全可以开过去，关键就在于列车以什么样的速度和在多长的时间内开过去。如果时间非常短，在桥梁还没有坍塌的时候，列车是完全可以开过去的。下面，我们就来计算一下：

对于普通的列车来说，它的主动轮直径大概是1.3米。"发动机的活塞达到了每秒进退20次"，就相当于主动轮每秒转10圈。也就是说，在1秒钟的时间里，车轮走过的距离是$10\times3.14\times1.3=41$米，即火车的速度=41米/秒。一般来说，山里的溪流都不宽。假设这座吊桥的长度只有10米，火车通过这座吊桥的时间大概就是$\frac{1}{4}$秒。如果吊桥在瞬间发生了断裂，它下落的距离大概是30厘米。而吊桥的两端并不会在瞬间完全断裂，肯定是从列车先碰到的那一端开始断裂的。在断裂的瞬间，吊桥下落的高度只有几厘米，而吊桥的另一端仍然跟河岸相连，所以列车完全可以在另一端断裂之前到达对岸。对于故事中"列车的重力好像消失了一样"的描述，我们可以这样理解。

不过，需要指出的是，故事中提到的"发动机的活塞达到了每秒进退20次"，相当于列车的速度是150千米/小时。在那个时候，列车

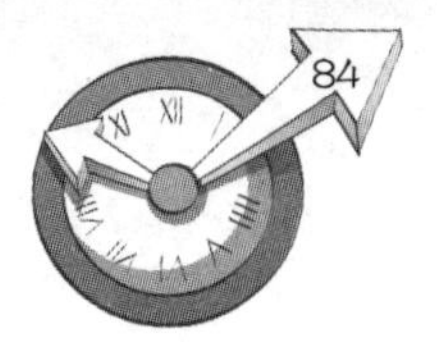

是达不到这个速度的。

此外，当我们在冰面上滑冰的时候，也可能遇到过这样的情况。我们滑冰的时候需要非常快的速度，否则，冰面是有可能破裂的。

前面提到的列车的重力好像消失了一样的情况，同样适用于物体在拱桥上运动。当物体在拱桥上快速运动的时候，对拱桥的压力也会减小。

三条轨道

【题目】如图37所示，在一堵竖直的墙壁上画一个圆圈，这个圆圈的直径是1米。从圆圈顶点A沿弦AB和AC分别装有两道滑槽。从点A处同时放下三颗弹丸，其中一颗竖直自由下落，另外两颗沿两道滑槽下落。假设滑槽里面没有摩擦力，那么哪颗弹丸会先落到圆周上呢？

A
E
C
B
D

图37　三颗弹丸的滑落轨道。

【解答】图中的3条路径，滑槽AC是最短的，所以人们通常以为：从滑槽AC下落的弹丸最先到达，而从滑槽AB下落的弹丸第二个到达，竖直AD下落的弹丸最后到达。

但是，通过实验证实，这三颗弹丸是同时到达的。

这是为什么呢？其实，原因很简单。虽然三颗弹丸走过的距离不同，但是它们的运动速度也不同。运动得最快的是竖直下落的那颗弹丸，而在滑槽坡度比较缓的AC上行进的弹丸，它的下落速度最小。也就是说，弹丸下落的距离越远，运动的速度越快。下面，我们就来证明一下。

对于竖直下落的弹丸来说，它下落的时间t可以用下面的公式计算：

$$AD=\frac{gt^2}{2}$$

可得：

$$t=\sqrt{\frac{2AD}{g}}$$

而沿滑槽AC下落的弹丸的运动时间t_1为：

$$t_1=\sqrt{\frac{2AC}{a}}$$

其中，a为沿滑槽AC运动的弹丸的加速度。我们很容易可以看出：

$$\frac{a}{g}=\frac{AE}{AC}$$

可得：

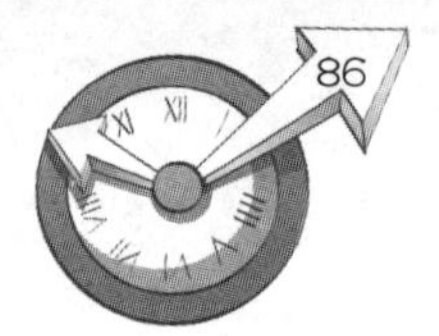

$$a=\frac{AE}{AC}\cdot g$$

由图37，我们可以知道：

$$\frac{AE}{AC}=\frac{AC}{AD}$$

可得：

$$a=\frac{AC}{AD}\cdot g$$

可得：

$$t_1=\sqrt{\frac{2AC}{a}}=\sqrt{\frac{2AC\cdot AD}{AC\cdot g}}=\sqrt{\frac{2AD}{g}}=t$$

也就是说，从滑槽AC下落的时间t_1等于竖直下落的时间t。

同样的，我们还可以得出：从滑槽AB下落的时间也等于竖直下落的时间t。

其实，对于这个题目，我们还可以换一种方式求解。如图38所示，三个弹丸分别从圆周上的三个点A、B、C同时沿着滑槽下滑，哪个弹丸最先到达点D处？

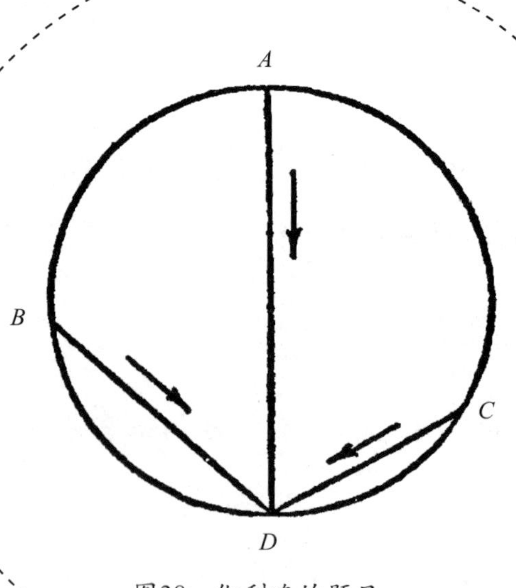

图38　伽利略的题目。

对于这个变形题目，相信读者可以很轻松地计算出来：这三个弹丸是同时到达点D处的。

伽利略在其著作《关于两个新的科学学科的谈话》一书中，提出了这个题目，并进行了详细的解答。同时，在这本书中，伽利略还最先提出了物体下落定律。

此外，在这本书中，我们还可以找到这个定律："如果从高出地平线的一个圆的最高点，分别引出到圆周的不同的倾斜平面，那么物体在这些面上的下落时间是相同的。"

投掷石头的问题

【题目】在一个塔顶上，以同样的速度同时向不同的方向扔出4块石头：一块扔向正上方，一块扔向正下方，一块扔向水平向左方向，一块扔向水平向右方向。

在4块石头下落的某个瞬间，如果以它们到达的点为顶点画一个四边形，这个四边形的形状是什么样子的？（假设不存在空气阻力。）

【解答】对于很多人来说，看到这个题目的时候，可能会有这样的想法：这个四边形应该像一个风筝一样。他们是这么认为的：向正上方扔出的石头，在扔出去的瞬时，它

的速度会比向正下方扔出的石头要慢一些，而向水平方向扔出的两块石头的速度是一样的，它们的运动轨迹是对称的曲线。但是，他们忽略了一个问题：这4块石头下落的那个瞬间，它们所形成的四边形的中心点是以什么速度下落的。

如果我们换个角度来思考这个问题，可能就会很容易得出正确答案。这里需要做一个假设，也就是不考虑石头的重力。

这时候我们的结论是：这4块扔出去的石头形成的四边形正好是一个正方形。也就是说，在每个瞬间，这4块石头都是在一个正方形的4个顶点上的。

但是，如果考虑重力的影响，又会是什么情形？如果不考虑空气阻力，那么就相当于介质是没有阻力的。在这种情况下，对于所有的物体来说，它们下落的速度都是相等的，所以这4块石头在重力作用下，下落的距离也是相等的。换句话说，即便考虑重力的影响，这4块石头也始终在一个正方形的顶点上。

两块石头的问题

【题目】在一个塔顶上，同时以3米／秒的速度扔出两块石头：一块向正上方扔，一块向正下方扔。请问：它们互相离开的速度是多少？（假设不考虑空气阻力的存在。）

【解答】根据前面题目的分析，我们可以很容易得出结论：这两块石头相互离开的速度是3+3 = 6米／秒。在这个题目中，你可能会觉得有些奇怪，它们下落不是也有速度吗？其实，这个速度并没有起到什么作用。这个答案同样适用于天体的运动，比如，地球、月球、木星等。

球能飞多高

【题目】两个人在打球，他们之间的距离是28米，其中一个人把球扔向了另一个人，球在空中飞行的时间是4秒。请问：球所达到的最大高度是多少？

【解答】在本题中，球一共飞行了4秒钟。在这段时间里，球同时进行了两个方向的运动：一个是水平的，一个是竖直的。也就是说，球上升和下落一共花了4秒钟，那么它上升用了2秒钟，下落也用了2秒钟。所以，球下落的距离就是：

$$S=\frac{gt^2}{2}=\frac{9.8\times 2^2}{2}=19.6\text{（米）}$$

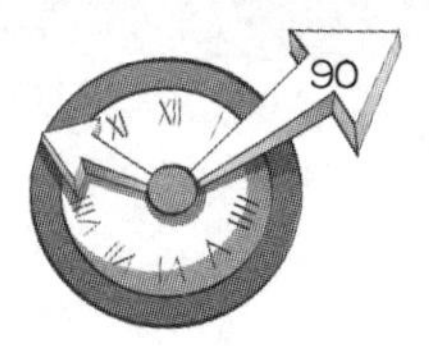

由此可知，球所达到的最大高度是19.6米。题目中给出的两个人之间的距离28米，在计算中根本用不到。

需要指出的是，如果球运动的速度不是很快，通常可以忽略空气阻力的存在。

Chapter 5
圆周运动

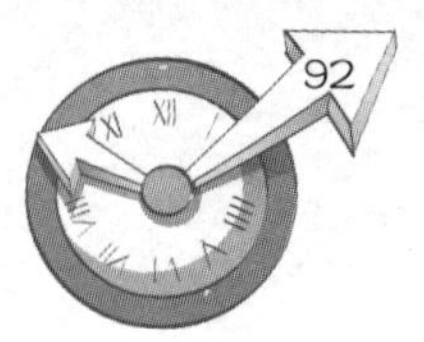

什么是向心力

在后面的章节中，可能会用到一些不常见的概念，我们在这里通过一个例子来说明一下。

如图39所示，在一张光滑的桌面中央钉着一个钉子，一个小球被一根细绳拴在这个钉子上。如果我们弹一下小球，给它一个初速度，那么这个小球就会匀速前进。等把绳子拉直后，它将以绳子的长度为半径，以钉子为圆心做圆周运动，并且速度保持不变。这时，如果我们用火柴把绳子烧断，如图40所示，那么，小球就会在惯性的作用下，沿着圆周的切线方向飞出去。这就像我们用砂轮磨刀的时候，在砂轮边缘的切线方向，会

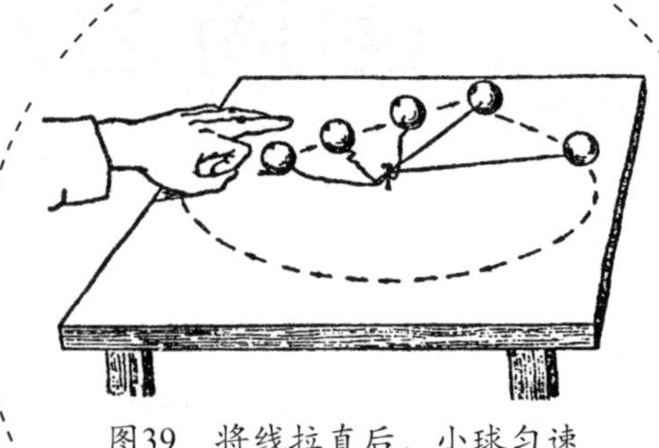

图39　将线拉直后，小球匀速做圆周运动。

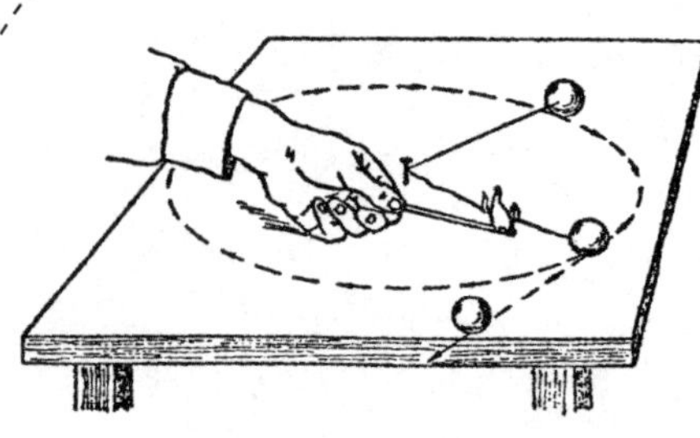

图40　将线烧断后，小球沿圆周的切线飞出。

飞出火花一样。由于有了这条绳子的张力，使得小球改变了原来匀速直线的运动方式，变成了进行圆周运动。在牛顿的力学第二定律中，我们知道，作用力与物体得到的加速度成正比，二者的方向相同。所以，绳子的张力作用在小球上，肯定会给小球一个加速度，而且加速度的方向与绳子对小球的作用力的方向相同，是朝向钉子的。在惯性的作用下，小球想继续进行之前的匀速直线运动，但由于受到了绳子的张力作用，小球不得不绕圆心做圆周运动，所以，我们又将这里的张力称为向心力，将这里的加速度称为向心加速度。

假设小球进行圆周运动时的速度为v，圆周的半径为R，那么向心加速度a就是：

$$a=\frac{v^2}{R}$$

由牛顿力学第二定律，我们知道，这里的向心力为：

$$F=ma=m\frac{v^2}{R}$$

下面，我们就来推导一下这个向心加速度的公式。如图41所示，假设在某个时刻小球旋转到了点A。这时，如果我们把细绳烧断，小球就会沿着切线的方向飞出去，假设它在时间t后到达了点B，那么小球在时间t内运动的距离就是AB，所以有：$AB=vt$。前面已经

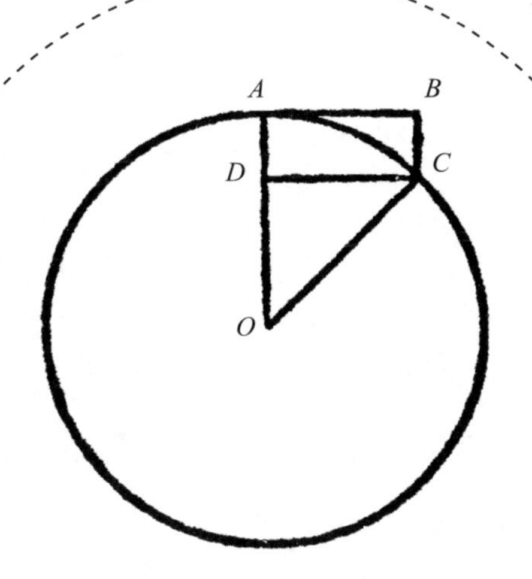

图41　推导向心加速度。

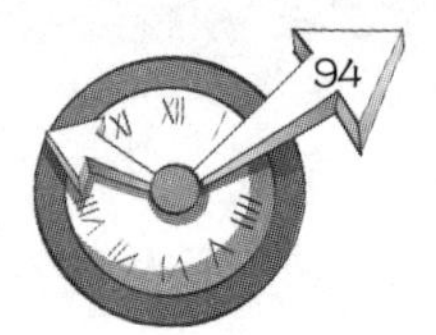

提到，在烧断细绳之前，小球在细绳的张力，也就是向心力的作用下做圆周运动。在同样的时间t内，它将会到达圆周上的点C。过点C做垂直于半径OA的垂线CD，那么CD的长度就应该等于小球在向心力作用下走过的距离。根据匀加速运动公式：

$$AD=\frac{at^2}{2}$$

其中，a为向心加速度。而根据勾股定理：

$$OC^2=OD^2+DC^2$$

我们已知：

$$CD=AB=vt$$

$$OD=OA-AD=R-\frac{at^2}{2}$$

$$OC=R$$

可得：

$$R^2=\left(R-\frac{at^2}{2}\right)+(vt)^2$$

$$R^2=R^2-Rat^2+\frac{a^2t^4}{4}+v^2t^2$$

$$Ra=v^2+\frac{a^2t^2}{4}$$

我们这里讨论的时间t是非常短的，几乎等于0，而上式中含有 t 的项只有一个，即$\frac{a^2t^2}{4}$，这个数值会更小，我们将其忽略不计，那么，就得到了下面的式子：

$$a=\frac{v^2}{R}$$

如何推算“第一宇宙速度”

我们都知道，由于受到地球的引力，所有位于地球上空的物体都会被吸引到地球上来。但是，为什么人造卫星可以在太空飞行，却掉不下来呢？这是因为，运载人造卫星的火箭是多级的，它给了人造卫星一个非常大的速度，大概是8千米／秒。

如果一个物体以这么大的速度飞行，它就不会被吸引到地面上，而是会变成人造卫星。在地球引力的作用下，它将围绕地球做曲线运动。确切地说，它是沿着一个封闭的椭圆形轨道运动的。

其实，在某些情况下，卫星的轨道也可以是一个围绕地球的圆周。下面，我们不妨来计算一下，卫星的运行速度到底是多少。

人造卫星在圆周轨道上飞行时，受到了向心力的作用。当然，这里的向心力其实就是地球的引力。假设人造卫星的质量为m，它做圆周运动时的速度为v，轨道半径为R，那么向心力F可以表示为下面的式子：

$$F = m\frac{v^2}{R}$$

根据万有引力，可知：

$$F = \gamma\frac{mM}{R^2}$$

其中，M表示地球的质量，γ表示引力常数。

由这两个式子可得：

$$m\frac{v^2}{R}=\gamma\frac{mM}{R^2}$$

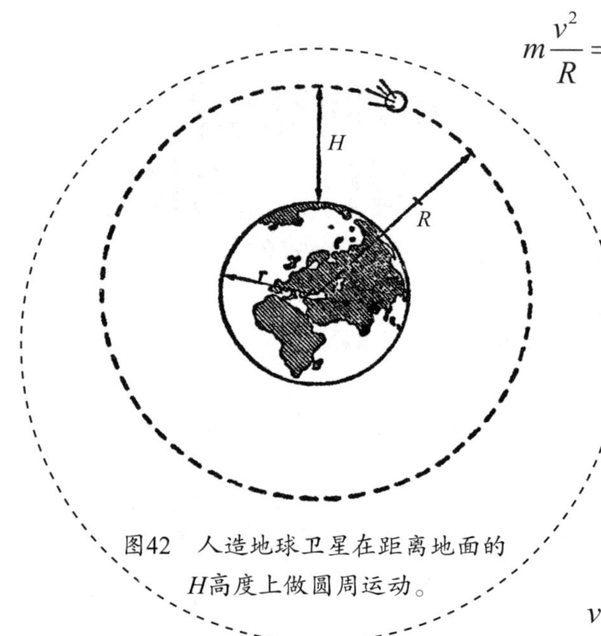

图42　人造地球卫星在距离地面的H高度上做圆周运动。

速度v的值为：

$$v=\sqrt{\frac{\gamma M}{R}}$$

如图42所示，假设卫星距离地面的高度为H，地球的半径为r，那么上面的式子就可以变化为：

$$v=\sqrt{\frac{\gamma M}{r+H}}$$

为计算简便，我们还可以对上面的式子再进行一下变化。我们知道，地面上的物体受到的引力都为mg，也就是：

$$mg=\gamma\frac{mM}{r^2}$$

可得：

$$\gamma M=gr^2$$

进一步可以得出：

$$v=\sqrt{\frac{gr^2}{r+H}}=r\sqrt{\frac{g}{r+H}}$$

上面公式中的g是地面的重力加速度。

如果公式中的H比较小，跟地球的半径比起来可以忽略不计，我们可以认为$H=0$，上面的公式就可以简化为：

$$v=r\sqrt{\frac{g}{r}}=\sqrt{gr}$$

一般情况下，我们取重力加速度$g=9.81$米/秒^2，地球半径$r=6378$千米。把这两个数值代入公式，就可以得到第一宇宙速度：

$$v=\sqrt{9.81\times10^{-3}\times6378}=7.9\text{（千米/秒）}$$

也就是说，当人造卫星围绕地球做圆周运动时，它的速度是7.9千米/秒。由于地球的表面凹凸不平，又存在空气的阻力，人造卫星是不可能完全沿着圆周轨道运动的。如果增高圆周轨道的高度，那么人造卫星的速度就会小一些。

超简便的增重法

在看望病人的时候，我们常说："注意身体""你瘦了"……如果我们只是想让病人增加体重，有一个非常简单的方法，而且这种方法既不用增加营养，也不用注意健康，那就是坐到图43所示的旋转木马上旋转。此时，他可能根本没有意识到自己的体重增加了。我们可以通过计算了解他的体重到底增加了多少。

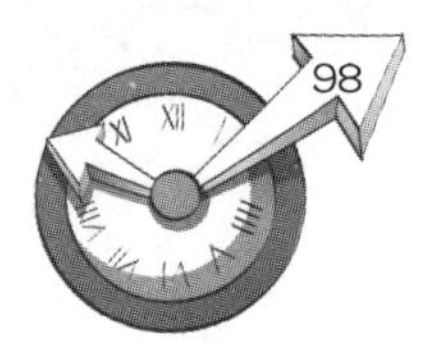

图43　旋转木马。

如图44所示，假设MN为旋转木马旋转时的轴，当轴MN转动的时候，它周围的木马车厢就会载着乘客在惯性的作用下，沿着切线的方向作圆周运动。这时，车厢和乘客远离了轴MN，呈现出图中的状态。乘客的体重可以分为两个力：一个是沿着水平方向的力R，以保证乘客做圆周运动；一个是沿着悬索方向的力Q，把乘客压向车厢的座位上，这给乘客的感觉就像是体重增加了一样。因此乘客在旋转木马上的体重比正常的体重P要大一些，等于$\frac{P}{\cos\alpha}$。那么，角α等于多少呢？这就需要先求出力R的值。力R是向心力，它得到的向心加速度为：

图44　作用在旋转木马车厢上的力。

$$a=\frac{v^2}{r}$$

其中，v表示车厢中心的速度，r表示圆周的半径（车厢的重心到轴MN的距离）。如果假设这个数值为6米，旋转木马的转速为4转／分钟，也就是说，车厢在1秒的时间里转了$\frac{1}{15}$圆周，可得圆周速度v为：

$$v=\frac{1}{15}\times 2\times 3.14\times 6\approx 2.5\text{（米／秒）}$$

力R得到的向心加速度为：

$$a=\frac{v^2}{r}=\frac{250^2}{600}\approx 104\text{（厘米／秒}^2\text{）}$$

由于力R跟向心加速度a成正比，可得：

$$\tan\alpha=\frac{104}{980}\approx 0.1$$

可得：

$$\alpha\approx 7°$$

通过前面的分析，我们知道："新的体重"$Q=\frac{P}{\cos\alpha}$，可得：

$$Q=\frac{P}{\cos 7°}=\frac{P}{0.94}=1.006P$$

如果这个人的体重为60千克，那么他坐在旋转木马上旋转时，体重就会比原来增加360克，变为60.36千克。

在刚才的例子中，木马的旋转速度是比较慢的，所以人的体重增加得并不是很多。如果木马旋转得非常快，而且半径非常小，那么人增加的体重就不是这么少了，甚至可能达到原来体重的很多倍。有一种装置叫"超离心机"，转速可以达到80000转／分钟。这种装置可以

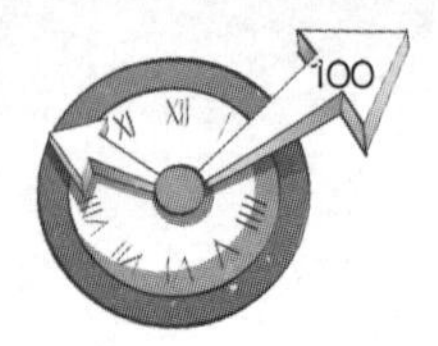

使物体的重力增加到原来的25万倍！在这种装置上，即便是一滴质量只有1毫克的水滴，它的重力也可以达到$\frac{1}{4}$千克。

运用一些大型的离心机来检验人体对大幅超重的耐力，对星际航行具有重要意义。在这些仪器上只要选择一定的半径和速度，就可以得到我们要增加的体重。实验发现，一个人可以在几分钟的时间内承受几倍于自身的体重，而且不会造成伤害，这已经完全可以使我们安全地飞向宇宙了。

知道了这些后，我想读者朋友们再祝福病人时，就会说增加身体的质量，而不是增加体重了。

存在安全隐患的旋转飞机

人们想在一个公园中修建旋转飞机。设计的人以孩子们玩的“转绳”为模型，计划在绳索的末端装上一些飞机模型。当绳索以比较快的速度旋转时，飞机模型就可以被抛出去，从而带动乘客一起飞起来。设计人员想让这座转塔的转数达到某个数值，从而使绳索达到接近水平的位置。但是，遗憾的是，这个设计思路并没有实现，因为要想保证乘客的安全，必须确保绳索有一定的倾斜度。假设人体可以承受的最大超重是自身体重的3倍，那么我们可以求出这时的绳索位置跟竖直线之间的倾斜角。

按照前文图44所示的情形，我们假设人体可以承受的最大重力是自身体重的3倍，可得到下面的比值：

$$\frac{Q}{P}=3$$

我们知道：

$$\frac{Q}{P}=\frac{1}{\cos\alpha}$$

可得：

$$\frac{1}{\cos\alpha}=3$$

$$\cos\alpha=\frac{1}{3}\approx 0.33$$

可得：

$$\alpha\approx 71°$$

因此绳索偏离竖直线的角度应该小于71°，也就是，跟水平方向之间的夹角不小于19°。

如图45所示，这就是旋转飞机的其中一种，它的绳索并没有倾斜到极限角度。

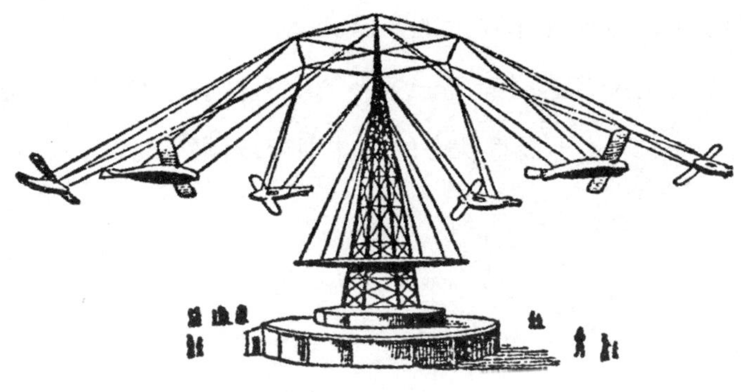

图45　旋转飞机转塔。

铁轨在转弯时为什么会倾斜

一位物理学家说过：“有一天，我坐火车旅行，当火车转弯的时候，我突然发现铁路旁边的树木、房屋、工厂烟囱等都变得倾斜了。”

如果读者朋友乘火车的时候也注意一下，肯定也会见到这样的景象。

对于这个现象，该如何解释呢？难道是在转弯的这个地方，一条铁轨比另一条铁轨高一些吗，所以火车才倾斜着前进吗？当然不是。如果这时你不是在车内往外看，而是把头伸出窗外看周围的景物，你也会有同样的错觉。

在前面一节中，已经进行了一些类似的分析，所以我们在这里不再解释具体的原因。我相信，读者朋友一定也注意过这样的现象：当火车转弯的时候，悬挂在车顶上的悬锤或者其他物体，一样会变成倾斜的状态。也就是说，这时有了一条新的竖直线，它代替了原来的真正的竖直线，而本来处于竖直状态的物体则变成倾斜的了。

如图46所示，我们可以计算出竖直线的新方向。图中，P为重力，R为向心力。它们的合力为Q（也就是乘客感觉到的重力）。车上的任何物体都会向这个方向倾斜过去。这个新的方向与原来的竖直线之间的夹角α可以根据下面的式子来计算：

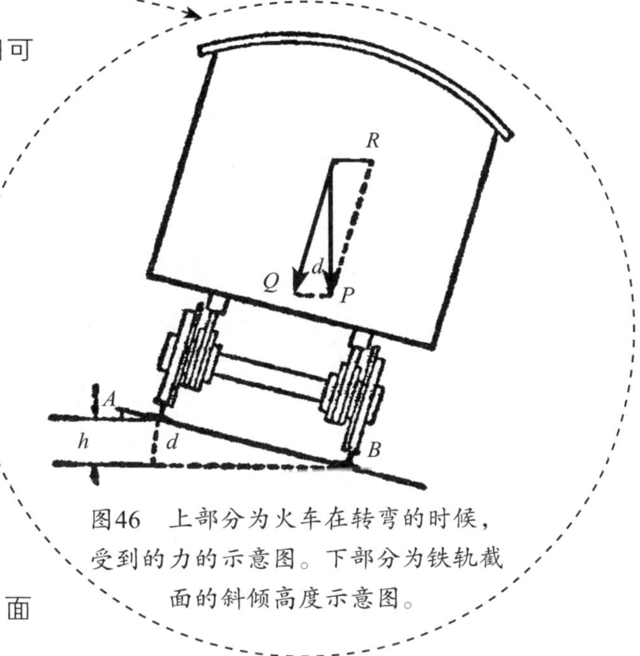

图46　上部分为火车在转弯的时候，受到的力的示意图。下部分为铁轨截面的斜倾高度示意图。

$$\tan\alpha=\frac{R}{P}$$

而力R与向心加速度$\frac{v^2}{r}$成正比。其中，v表示速度，r表示转弯处的曲率半径。由于力P与重力加速度g成正比，可得：

$$\tan\alpha=\frac{v^2}{r}\div g=\frac{v^2}{gr}$$

假设火车的速度为18米／秒，转弯处的曲率半径为600米，可得：

$$\tan\alpha=\frac{18^2}{600\times 9.8}\approx 0.055$$

可得：

$$\alpha\approx 3°$$

也就是说，我们以为的这个新的竖直线跟真正的竖直线之间的夹角为3° 。在一些转弯半径比较小，或者转弯比较多的情况下，如果在火车上望向窗外的景物，看到的竖直景物可能会偏离10° ，甚至更多。

要想让火车在转弯的时候仍然保持平稳，在铺设铁轨的时候，就需要在转弯的地方把外面的那条铁轨铺得高一些，至于需要高出多少，需要根据倾斜的角度来确定。比如，在刚才图46的例子中，转弯处的外面一条铁轨应该比里面的那条高多少呢？假设高度差为h，我们可以根据下面的式子来计算：

$$\frac{h}{AB}=\sin\alpha$$

其中，AB表示两条铁轨之间的距离，一般为1.5米，而这里的角α的角度已经知道是3° 。

$$\sin\alpha = \sin 3^\circ = 0.052$$

可得：

$$h = AB\sin\alpha = 1500\times 0.052 \approx 80 \text{（毫米）}$$

也就是说，外面的铁轨应该比里面的高出80毫米。当然了，这个高度差只适用于一定的行车速度，并不适用于所有的行车速度，所以在真正铺铁轨的时候，通常根据一般的行车速度来进行设计。

神奇的赛道

在铁路拐弯的地方，两条铁轨之间的高度差很难用肉眼看出来。但是，如果是环形的自行车赛道，就可以很明显地看到拐弯处的情形。通常来说，由于自行车的速度非常快，拐弯处的曲率半径都很小，所以赛道内外的倾斜角会很大。比如，如果自行车的速度为72千米／小时（也就是20米／秒），赛道的曲率半径为100米，那么倾斜角就是：

$$\tan\alpha = \frac{v^2}{r} \div g = \frac{400}{100 \times 9.8} \approx 0.4$$

可得：

$$\alpha \approx 22°$$

显然，这个角度是很大的，如果让我们站在上面，可能根本就站不住。但是，对于在这种赛道上进行自行车比赛的选手来说，只有在这种赛道行驶，他们才感觉自行车是平稳的。这又是重力作用的奇特现象。除了自行车赛道，汽车比赛用的赛道也是根据这个原理修建的。

此外，我们还经常能在杂技表演中看到一些非常奇怪的现象，但这些现象其实并没有违背力学定律。比如，一名表演者在一个半径为5米或者更小的“漏斗”中骑自行车转圈。如果自行车的速度为10米／秒，

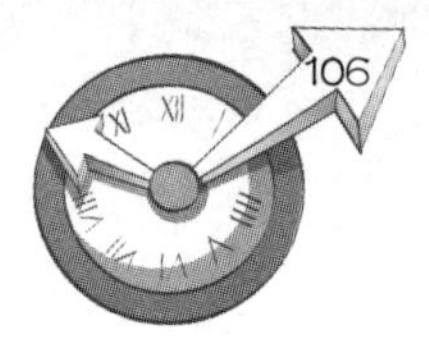

那么这个“漏斗”的倾斜角就是：

$$\tan\alpha = \frac{10^2}{5\times 9.8} \approx 2.04$$

可得：

$$\alpha \approx 63°$$

“漏斗”壁是非常陡峭的，观众可能以为表演者有什么特殊的技能，才能在这么陡峭的角度上表演骑自行车。其实，根据力学定律，我们知道，只要在一定的速度下，表演者就能保持平衡。

飞行员眼中的地平面

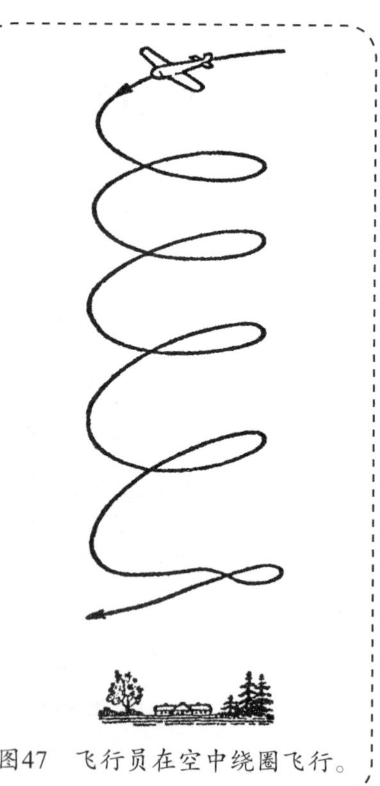
图47　飞行员在空中绕圈飞行。

如图47所示，当看到飞机在空中这样绕圈飞行，你一定以为飞机上的飞行员正在小心地驾驶着飞机，因为飞机倾斜得那么厉害，很可能一不小心就会掉下来。其实，对于飞行员来说，他并没有这种感觉，甚至感觉不到飞机在倾斜，而仅仅感到体重在增加或者减小，还有就是地面看起来倾斜了。

下面，我们就来简单估算一下，当飞行员进行这样的“急转弯”时，他看到的水平面到底倾斜了多少度，还有，他的体重增加了多少。

已知飞行员驾驶飞机的速度是216千米/小时（也就是60米/秒），而飞机的旋转直径为140米，那么，它的倾斜角就是：

$$\tan\alpha=\frac{v^2}{gr}=\frac{60^2}{70\times 9.8}\approx 5.2$$

$$\alpha\approx 79^\circ$$

这个角度非常大。对于飞行员来说，他所看到的地平面几乎竖了起来，跟竖直方向的角度差只有11°。

需要指出的是，在实际情况下，可能缘于生理上的原因，飞行员看到的倾斜角并没有这么大，是图48所示的样子。

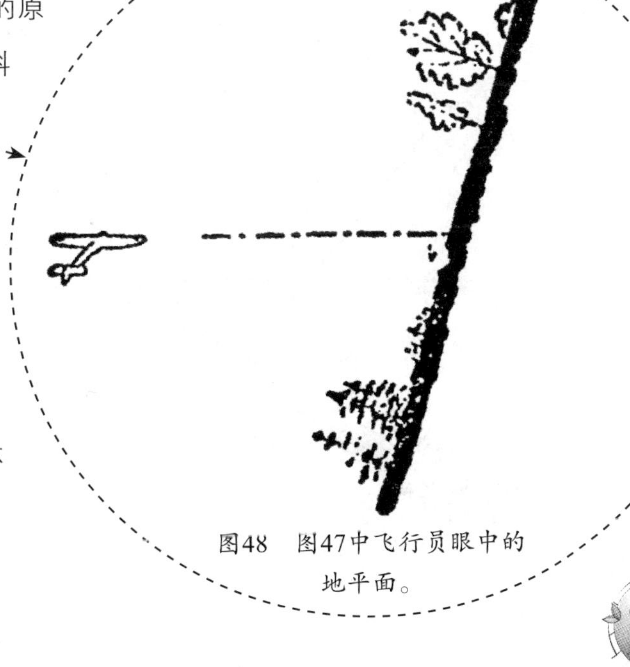

图48 图47中飞行员眼中的地平面。

回到前面的问题，飞行员增加了多少体重？根据前面的分析，我们知道，增加的体重Q与原来的体重P具有下面的关系：

$$\frac{Q}{P}=\frac{1}{\cos\alpha}$$

已知:

$$\tan\alpha\approx5.2$$

根据三角函数表，我们可以查出$\cos\alpha=0.19$，那么它的倒数就是5.3。也就是说，飞行员感觉到的体重是自己原来体重的5倍多，换句话说，飞行员压向飞机座位上的力是他沿直线飞行时的5倍多。

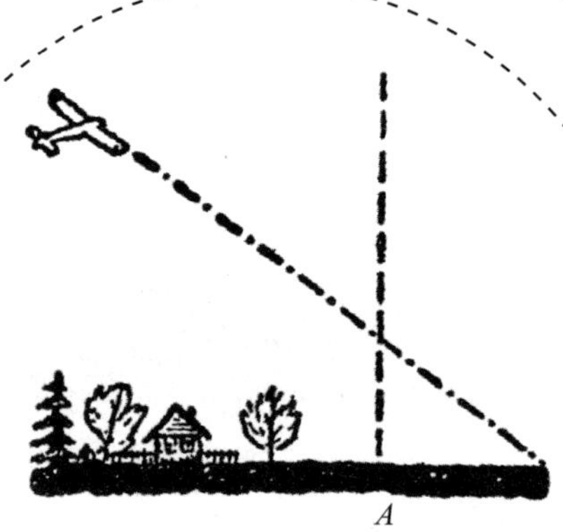

图49　飞行员以190千米／小时速度进行半径为520米的曲线飞行。

在图49和图50中，我们也可以看到同样的现象。飞行员看到的地面也是倾斜的。

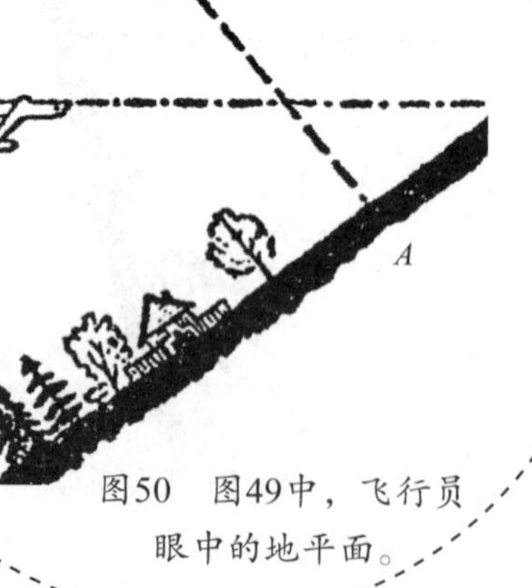

图50　图49中，飞行员眼中的地平面。

对于飞行员来说，如果体重增加过多，会对身体造成致命的伤害。据说，曾经发生过这样一件事情：一位飞行员在驾驶飞机进行急转弯飞行时，突然感觉自己被牢牢“拴”在了座位上，手也无法进行任何动作。后来，人们通过计算发现，这时他的体重变成了原来的8倍。幸运的是，这位飞行员最后并没有遇难。

河流为什么是弯曲的

很久以前，人们就发现，河流都像蛇一样，是弯曲的。这是为什么呢？难道是因为地形的原因？后来人们又发现，在一些地势非常平坦的地区，河流也一样是蜿蜒曲折流淌的。对此人们感到非常困惑：为什么在平坦的地方，河流却没有沿着直线方向流淌呢？

对于这个问题，有人进行了深入研究，结果发现了更加让人感到意外的现象：河流向直线方向流动最不稳定，即便是在地势平坦的地方也不例外。没有河流是沿直线方向流淌的。让河流始终沿着直线方向流淌，估计只有在理想的条件下才能实现，但这样的条件是永远也实现不了的。

比如，我们假设存在这样一条河，它在土壤结构大体相同的地方沿着直线方向流动。那么，这种状态可以维持多久呢？可能由于一个很偶然的原因，比如，土壤的细微差别，就会使水流的方向发生改变。偏离了原来方向的河流还会回到原来的方向吗？这是不可能的！之后，偏离只会更加明显。或者说，河流偏离的方向会越来越大。如图51所示，在河流弯曲的地方，水流是沿曲线流动的。那么，它就会受到离心力的作用，压向凹进去的岸*A*，冲洗岸*A*，并远离凸出去的岸*B*。如果想让河流恢复原来的直线方向，就需要反过来，使水流冲洗凸

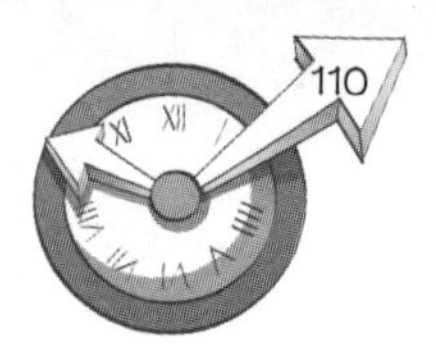

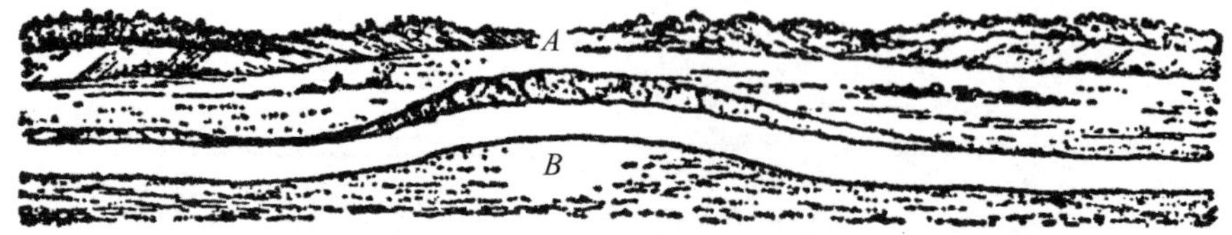

图51　在离心力的作用下，一些细小水流的弯曲不停增长。

出去的岸B，而远离凹进去的岸A。对于岸A来说，由于受到了冲洗，它凹下去的程度会越来越大。也就是说，河流的弯曲度会越来越大。这就使得离心力也不断变大，这个力又作用于水流，使凹下去的岸A越来越弯曲，最后，岸A会出现非常大的弯曲度，而且还会继续弯下去。

在凹下去的岸边，水流的速度要快一点儿，因为它受到了离心力的作用。这样的话，更多的泥沙就会堆积在凸出来的岸边。对于凹下去的岸边来说，情况则正好相反，它受到的冲洗越来越强烈，就使得这一侧的河流也变得更深一些。

这就是我们看到的凸出来的岸边比较平缓，并且更加凸出，而凹下去的岸边则比较陡峭的原因。

对于小河来说，哪怕是一个细微的偶然原因，也可能使它发生弯曲，这是无法避免的。所以，河流会越来越弯曲，变得蜿蜒曲折。

研究河流弯曲发展的情况是很有意思的。如图52所示，河床从a到h逐步变化，最后变得蜿蜒曲折了。在图52（a）中，河流还只是稍稍弯曲；在图52（b）中，河流开始变得弯曲了一些，并稍微离开了凸出来的岸边；在图52（c）中，河床变大了；在图52（d）中，河流原本弯曲的部分变成了非常宽的河谷，河床只占了很小的一部分；在后面的图中，河谷继续扩展，从图52（g）中我们可以看到，河床的弯曲程度已经非常大了，几乎成为一个环形，在图52（h）中，河流在弯曲的

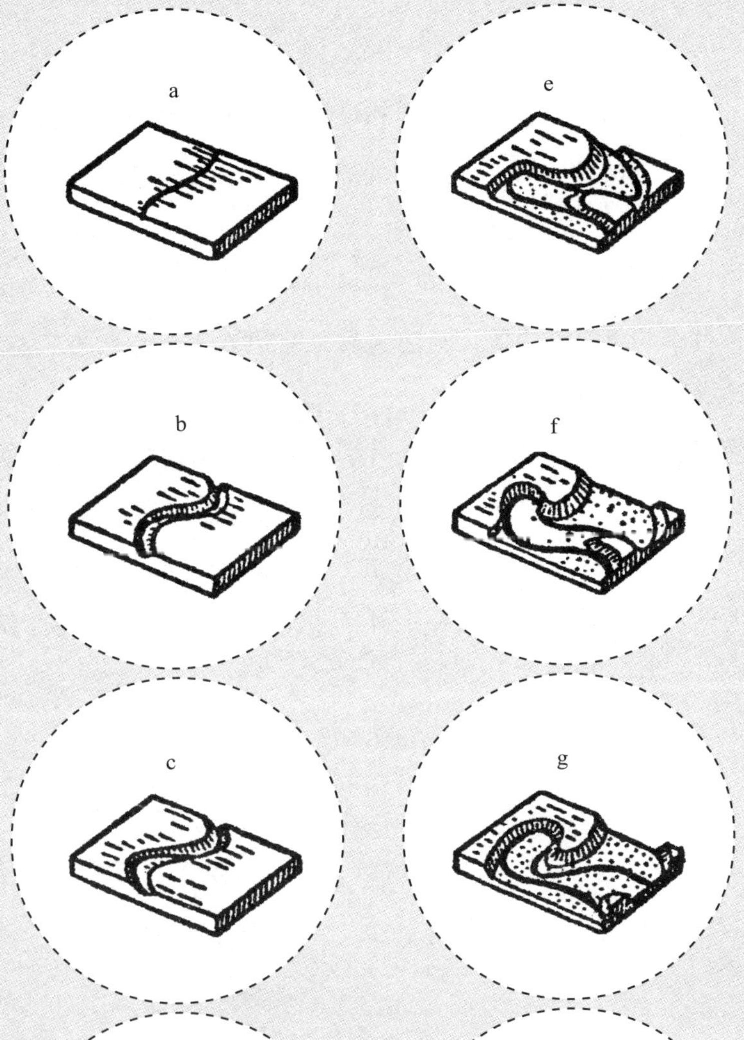

a

e

b

f

c

g

d

h

图52 河床弯曲进程示意图。

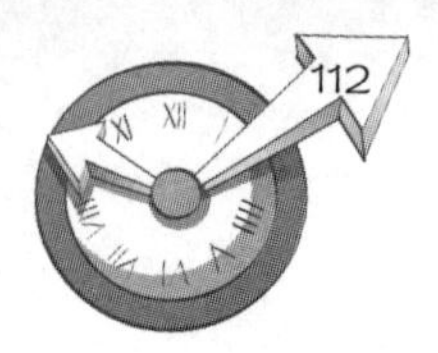

河床相接近的地方打通了另一条道路，或者说，它抄了近路，在冲成的河谷凹下去的地方形成了弓形的沼泽，里面那些被“遗弃”的水变成了死水。

通过前面的分析，读者可能也想到了，在河流形成的平坦河谷中，为什么水不是在中间流或者沿着某一边流，而是从凹下去的一边流向凸出来的一边。

河流的地质命运就是这样被力学控制的。需要指出的是，前面提到的那些现象，需要经历很长的时间才能被我们注意到，这个时间的单位可能是千年，或者更长。不过，在春天的时候，我们可以看见一些类似的现象，只不过规模要小得多，比如，雪融化的时候，形成的水会冲出一条小水流。

Chapter 6
碰撞现象

研究碰撞现象的重要意义

在力学中，有一部分内容是专门讨论物体碰撞的。对于很多学生来说，他们可能对此并不感兴趣，因为它涉及很多非常复杂的公式，既不容易理解，又不容易记住，所以留给学生的通常是不愉快的记忆。但是，实际上，这部分内容非常值得学习和研究。有时候，人们甚至需要利用两个物体的碰撞来解释大自然中的现象。

19世纪，有一位著名的自然科学家，名叫居维叶。他曾说过这样一句话："如果没有碰撞，就不可能有所谓的原因和作用之间的确切关系。"对这句话，我们可以理解为：不管是什么现象，只有把它看成两个物体的分子进行相互碰撞，才算是解释清楚了。

遗憾的是，用这一原理来解释世界，是解释不清楚的。很多现象都不能这么解释，比如，电气现象、光学现象、地球引力等。不过，即便到了现在，物体的碰撞原理在解释大自然的现象时仍然起着非常重要的作用。气体分子的运动就是一个很好的例子，它就是把很多现象视为很多不停地互相碰撞的分子在做无序运动。此外，在日常生活和工程技术的发展中，我们也经常遇到物体的碰撞问题。比如，所有承受撞击的机器或者建筑，各个部分的强度都是用它们所能承受的撞击负荷来衡量的。所以，在力学中，这一部分内容是必不可少的。

碰撞力学

通过对物体碰撞的学习，我们可以事先知道两个相互碰撞的物体在碰撞以后的速度是多大。不过，碰撞后的速度还跟相互碰撞的物体是否有弹性有一定的关系。

如果两个相互碰撞的物体没有弹性，那么这两个物体碰撞后得到的速度将是相同的。可以通过相互碰撞物体的质量和原来的速度，运用混合法求出碰撞以后的速度。

以购买两种不同价格的咖啡为例。有两种咖啡，一种的价格是8元／千克，一种是10元／千克，我们分别取3千克和2千克进行混合，那么混合之后的咖啡的价格就是：

$$\frac{3\times8+2\times10}{3+2}=8.8\text{（元／千克）}$$

同样的道理，如果两个没有弹性的物体原来的速度分别是8厘米／秒和10厘米／秒，那么3千克的前者和2千克的后者相互碰撞，碰撞以后的速度将变成：

$$u=\frac{3\times8+2\times10}{3+2}=8.8\text{（厘米／秒）}$$

通常来说，如果两个没有弹性的物体的质量分别为 m_1 和 m_2 ，速

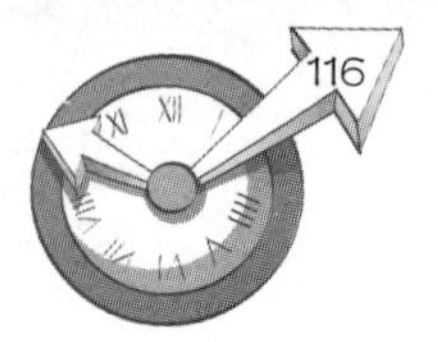

度分别为v_1和v_2，那么当它们相互碰撞之后，速度就是：

$$u=\frac{m_1v_1+m_2v_2}{m_1+m_2}$$

如果我们把速度v_1的方向看作正方向，那么，碰撞以后的速度u的方向就是这样的：

- 计算结果为正数，说明u的方向与v_1的方向相同，也是正方向。
- 计算结果为负数，则正好相反。
- 对于没有弹性的物体之间的碰撞，只要了解这些就可以了。

如果是弹性物体之间的碰撞，分析起来会复杂一些。跟没有弹性的物体不一样，当弹性物体碰撞的时候，首先会在碰撞的部位发生凹陷，然后又凸起来，最后恢复成原来的形状。所以，整个过程分好几个阶段。当物体凸起来的时候，撞过来的物体除了损失掉一部分在凹陷阶段的速度外，凸起来时也会失去同样的速度。而对于被撞的物体来说，它增加的速度也是双份的。也就是说，速度较快的物体会失去两份速度，而速度较慢的物体则增加两份速度。对于弹性物体之间的碰撞，记住这些就可以了，剩下的就是简单的数学计算了。假设速度较快的物体的速度为v_1，另一个物体的速度为v_2，它们的质量分别为m_1和m_2。由于两个非弹性的物体在碰撞以后将会以下面的速度运动：

$$u = \frac{m_1 v_1 + m_2 v_2}{m_1 + m_2}$$

对于第一个物体来说，它失去的速度是$v_1 - u$；对于第二个物体来说，它增加的速度是$u - v_2$。在前面分析弹性物体时，我们知道，失去的速度和增加的速度都是双份的，也就是$2(v_1 - u)$和$2(u - v_2)$，所以两个弹性物体在碰撞以后的速度就是：

$$u_1 = v_1 - 2(v_1 - u) = 2u - v_1$$
$$u_2 = v_2 + 2(u - v_2) = 2u - v_2$$

只要把前面的u值代入这两个式子，就可以得出两个速度值。

到此为止，我们对碰撞的两个极端情况进行了研究，即完全非弹性物体之间的碰撞和完全弹性物体之间的碰撞。但是，在实际生活中，更常见的是它们的中间情况，就是两个相互碰撞的物体并不是非弹性的，也不是完全弹性的。换句话说，在碰撞的第一个阶段之后，它们并不会完全恢复原来的形状。这种情况应该如何求解呢？后面，我们会讨论这个问题，在这里我们只需要知道这两个极端情况就可以了。

说到弹性物体的碰撞，我们还可以通过一个简短的规则来理解：弹性物体在相互碰撞以后，会以碰撞前相接近的速度远离。其实，只要简单地思考一下，我们就可以得到这个规则：

- 弹性物体在碰撞前相接近的速度为$v_1 - v_2$。
- 弹性物体在碰撞后相远离的速度为$u_1 - u_2$。

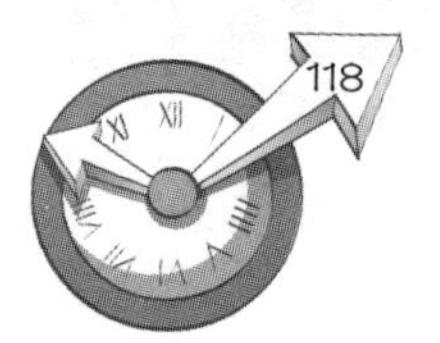

把前面的u_1和u_2代入上面的两个式子，可得：

$$u_2 - u_1 = 2u - v_2 - (2u - v_1) = v_1 - v_2$$

这是一个非常重要的性质，可以让我们对弹性物体之间的碰撞有一个清晰的印象。而且，它还包含着另一层意思。在前面推导公式的时候，我们提到过“撞过去的物体”和“被撞的物体”，这里的描述是针对未参与其中的旁观者来说的。在本书的开篇有一个关于两只鸡蛋的题目，“撞过去的物体和被撞的物体”与两个鸡蛋的情形是一样的。这两个物体的角色可以互换，对整个现象的本质没有任何影响。对于这一点，在本节中也适用吗？如果我们把这两个角色进行一下互换，前面推导出的公式会不会有什么变化呢？

可以看出，变换角色对上面的公式不会有任何变化。这是因为，无论从哪个角度来看，两个物体在碰撞之前的速度差都是相等的，所以两个物体在碰撞以后离去的速度也不会有任何变化，仍然是$u_2 - u_1 = v_1 - v_2$。也就是说，无论从哪个角度看，两个物体相互碰撞以后的情形都是一样的。

最后，我们来看一些弹性小球在碰撞过程中的很有意思的数据。两个钢球的直径相同，都是7.5厘米，它们都以1米／秒的速度向对方撞去，产生了1500千克的压力。如果速度变为2米／秒，压力也会变大，变成3500千克。当两个钢球以不同的速度相互碰撞的时候，接触部分的半径也不同，分别是1.2毫米和1.6毫米，不过碰撞所持续的时间却是一样的，差不多都是$\frac{1}{5000}$秒。这个时间是非常短的，所以在这么大的压力下，钢球并不会被撞坏。

需要说明的是，对于这两个小球来说，它们的碰撞时间非常短，这个结论是科学的。通过计算，可以得出：如果钢球非常大，像行星那样大，半径达到上万千米，再以1米／秒的速度相互碰撞，那么它们碰撞所持续的时间将会是40个小时，它们相互接触部分的半径将是12.5千米，它们之间的压力将达到惊人的4万万吨。

关于皮球弹跳高度的几个问题

在前文中，我们推导出了关于物体碰撞的一些相关公式。其实，在实际情况下，这些公式并不能直接使用。这是因为，在现实中很难找到“完全没有弹性”或“完全有弹性”的物体。一般的物体都达不到这两种标准。换句话说，对于绝大多数物体来说，它们既不是“完全有弹性”的，也不是“完全没有弹性”的。举个例子来说吧，皮球是什么性质的物体呢？这个问题可能会让古代的寓言家嘲笑我们，不过没关系，我们就是想知道它到底是“完全有弹性”的，还是“完全没有弹性”的。

其实，要想验证一个球的弹性是怎样的并不难，我们可以把它拿到一定的高度，然后让它自然落到坚实的地面上。如果这个球是“完全有弹性”的，那么它落下后再弹起来的高度应该等于原来的高度；而如果是“完全没有弹性”的，那么它就会一点儿都弹不起来。

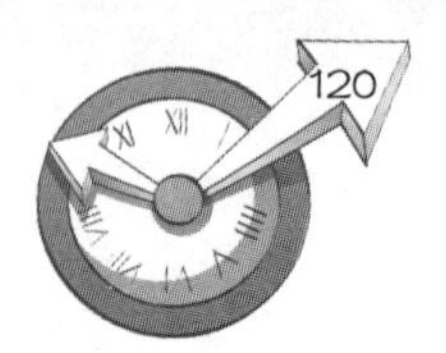

刚才，我们说的是“完全没有弹性”或“完全有弹性”的球。如果皮球不是完全有弹性的又会是怎样的情况？要想回答这个问题，我们需要先深入研究一下弹性物体的碰撞。当皮球到达地面时，它与地面接触的部分将被压扁，压力会使皮球的速度降低。在这之前，皮球与地面碰撞的情形跟非弹性物体是一样的。换句话说，皮球这时候的速度是u，而失去的速度是v_1-u。但是，刚才压扁的地方又会马上凸起来。由于地面妨碍了它的凸起，所以它必然作用于地面一个力，同时也有一个力作用在皮球上，使得皮球的速度降低。如果皮球的形状得以恢复，皮球形状的变化正好与前面被压扁的情形相反，那么皮球就会再一次失去前面失去的速度，也就是v_1-u。所以，如果皮球是完全弹性的，那它总共减少的速度为$2(v_1-u)$，它的速度变为：

$$v_1-2(v_1-u)=2u-v_1$$

如果皮球“不是完全有弹性的”，在外力的作用下，它的形状发生变化后不会完全恢复成原来的样子。换句话说，使皮球恢复成原来形状的力要小于前面使它改变形状的力。与此对应，皮球在恢复形状的过程中失去的速度要比在形状改变的过程中失去的速度小，它的大小等于v_1-u的一部分。如果我们用e表示“恢复系数”，那么皮球在弹性碰撞的整个过程中，前一阶段失去的速度仍然为v_1-u，而后一阶段失去的速度为$e(v_1-u)$，皮球总共失去的速度就是$(1+e)(v_1-u)$。于是，皮球碰撞后的速度u_1就等于：

$$u_1=v_1-(1+e)(v_1-u)=(1+e)u-ev_1$$

这里，我们讨论的是皮球碰撞地面的情形。根据反作用定律，地面在皮球的作用下，速度也会发生变化，可得：

$$u_2 = (1+e)u - ev_2$$

它们的差$u_1 - u_2$得：

$$u_2 - u_1 = ev_1 - ev_2 = e(v_1 - v_2)$$

所以，对于皮球来说，恢复系数e得：

$$e = \frac{u_1 - u_2}{v_1 - v_2}$$

此外，由于这里讨论的是皮球撞向地面的情况，所以$u_2 =(1+e)u-ev_2=0$，$v_2=0$，那么可得：

$$e = \frac{u_1}{v_1}$$

其中，u_1是皮球跳起时的速度，它等于$\sqrt{2gh}$，其中h为皮球跳起的高度；$v_1 = \sqrt{2gH}$，H为皮球落下的高度。于是可得：

$$e = \sqrt{\frac{2gh}{2gH}} = \sqrt{\frac{h}{H}}$$

我们推导出了皮球的恢复系数的计算公式。在某种意义上来说，恢复系数e表示皮球“不完全弹性”的程度。从表达式可以看出，只要我们测量出皮球落下的高度，以及跳起来的高度，把得到的两个数值相除，然后再开方，就可以得到我们想要的系数值了。

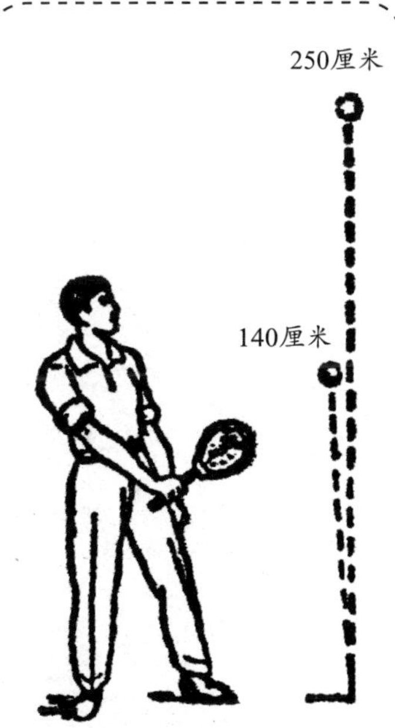

图53　网球在从250厘米的高处落下时，能跳起到约140厘米的高度。

根据物体的运动规则，当网球从250厘米的高度下落时，它弹起的高度大概是127厘米~152厘米，如图53所示。所以，网球的恢复系数介于$\sqrt{\frac{127}{250}}$和$\sqrt{\frac{152}{250}}$之间，也就是0.71 ~ 0.78。

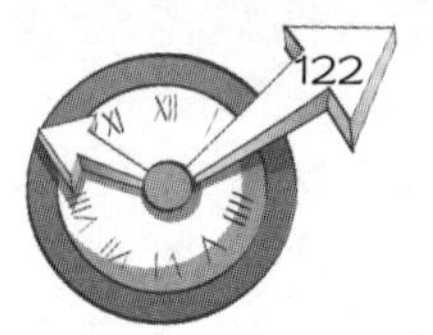

下面，我们以e的平均值0.75，即弹性为75%的皮球为例，举几个运动员们非常感兴趣的例子。

第一个例子：让皮球从高度H落下，皮球第二次、第三次以及后面每次弹起的高度都是多少?

通过前面的分析，我们知道，皮球第一次跳起的高度可以用下式来计算：

$$e=\sqrt{\frac{h}{H}}$$

把$e = 0.75$，$H = 250$厘米代入上式，可得：

$$0.75=\sqrt{\frac{h}{250}}$$

$$h = 140\text{厘米}$$

当皮球第二次从地上弹起来的时候，就相当于从$h = 140$厘米的高度落下，然后再弹起来。假设这时候皮球的高度是h_1，可得：

$$0.75=\sqrt{\frac{h_1}{140}}$$

$$h_1 = 79\text{厘米}$$

同样的方法，我们可以求出，当皮球第三次弹起来的时候，它的高度是：

$$0.75=\sqrt{\frac{h_2}{79}}$$

$$h_2 = 44\text{厘米}$$

后面每一次的高度都可以用这个方法一直计算下去。

如图54所示，如果不考虑空气阻力，那么当皮球从埃菲尔铁塔的顶端（高度H = 300米）落下时，它第一次弹起来的高度就是168米，第二次是94米……实际上，由于高度比较高，皮球落下的速度也很大，所以空气阻力的影响是比较大的。

第二个例子：如果皮球从高度H落下，那么它弹起来的总时间是多少？

我们有下面的式子：

$$H = \frac{gT^2}{2}$$

$$h = \frac{gt^2}{2}$$

$$h_1 = \frac{gt_1^2}{2}$$

可得：

$$T = \sqrt{\frac{2H}{g}}$$

$$t = \sqrt{\frac{2h}{g}}$$

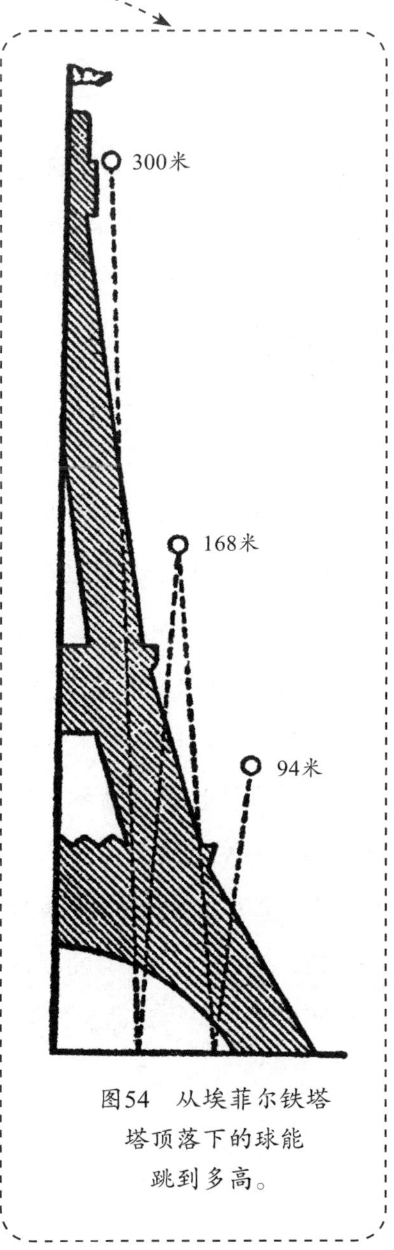

图54　从埃菲尔铁塔塔顶落下的球能跳到多高。

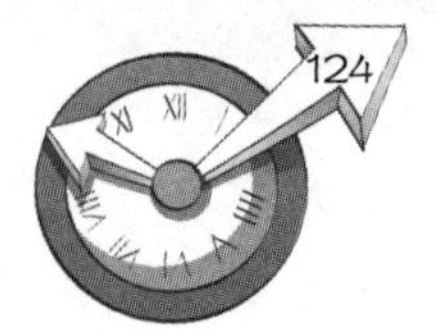

$$t_1 = \sqrt{\frac{2h_1}{g}}$$

皮球每次弹起来的时间之和就等于：

$$T + 2t + 2t_1 + \cdots\cdots$$

把前面的公式代入，并进行一些计算，我们就可以得到这个多项式之和等于：

$$\sqrt{\frac{2H}{g}}\left(\frac{2}{1-e}-1\right)$$

如果$H = 2.5$米，那么把$g = 9.8$米／秒²和$e = 0.75$代入上式，得到的总时间就是5秒。也就是说，皮球会持续弹跳5秒钟。

如果皮球从埃菲尔铁塔的顶端落下，在不考虑空气阻力的情况下，通过计算可得：皮球会一直弹跳大概1分钟（确切地说，是54秒）。当然了，是在皮球不会撞破的情况下。

如果皮球只是从几米高的地方落下，那它落下时的速度并不大，所以受到的空气阻力也不大。人们曾经进行过专门的试验：让一个恢复系数是0.76的皮球从250厘米的高度落下。我们知道，如果没有空气的阻力，它弹起来的高度应该是84厘米，而实际上，它弹起来的高度是83厘米。可见，这时空气阻力的影响并不大。

两个木槌球的碰撞

有两个木槌球，一个固定不动，另一个撞击固定不动的球。这时，就会形成力学上称为“正碰”和“对心碰”的现象。这是一种方向和施力点的球直径方向相合的碰撞。

那么，这两个球在相撞以后，会出现什么现象呢?

如果这两个球的质量相等，并且都是“完全没有弹性”的，那么它们在相撞以后的速度就会是相等的，都等于撞过去的那个球的速度的一半。这一点，可以通过公式$u=\frac{m_1v_1+m_2v_2}{m_1+m_2}$得出。其中，$m_1=m_2$，$v_2=0$。

反之，如果两个球都是“完全有弹性”的，那么我们得出的结论就是：两个球的速度会进行互换。也就是说，撞过去的球将停止运动，而原来固定不动的球将以撞过来的球的速度沿着碰撞的方向运动。读者朋友演算一下就可以很容易地得出来。在打弹子球时，当两个球发生碰撞，就经常出现这样的情况。通常来说，这种弹子球大多是由象牙制成的，而象牙的恢复系数e则比较大，大概是$\frac{8}{9}$。

但是，一般情况下，木槌球的恢复系数要小得多，大概只有0.5，

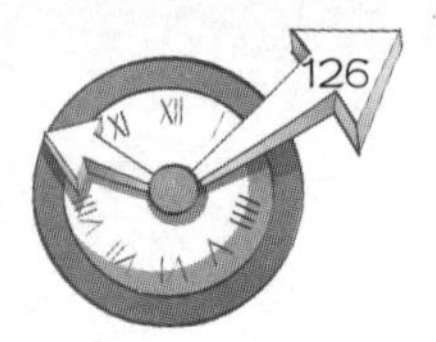

所以最后碰撞的结果就不是这样了。两个木槌球将一起运动，只不过运动的速度不同。撞过去的球的速度比被撞的球的速度要小。具体的情形，我们可以根据物体碰撞的公式来进行分析。

假设木槌球的恢复系数为e。在文中，我们已经得出了两个球碰撞以后的速度u_1和u_2的计算公式，它们分别是：

$$u_1=(1+e)u-ev_1$$

$$u_2=(1+e)u-ev_2$$

我们又知道：

$$u=\frac{m_1v_1+m_2v_2}{m_1+m_2}$$

已知：$m_1=m_2$，$v_2=0$。代入上式，可得：

$$u=\frac{v_1}{2}$$

$$u_1=\frac{v_1}{2}(1-e)$$

$$u_2=\frac{v_1}{2}(1+e)$$

通过变化公式，可得：

$$u_1+u_2=v_1$$

$$u_2-u_1=ev_1$$

由此，我们就可以准确地描述木槌球相撞后的情形了。撞过去的球的速度在两个球之间进行了重新分配，被撞的球得到的速度比撞过来的球的最终速度要大。确切地说，这两个球速度的差等于撞过来的球原来速度的e倍，即$u_2-u_1=ev_1$。

举个例子来说，如果$e = 0.5$，那么原来静止不动的球得到的速度将是撞过来的球的原来速度的$\frac{3}{4}$，而撞过来的球的速度将变为原来的$\frac{1}{4}$，所以，撞过去的球会落在后面。

托尔斯泰曾经写过一本叫《读本第一册》的书，其中有这样一段内容：

一辆火车正在铁路上飞速前进。在一个铁路和马路交叉的地方，有一辆马车停在那里，车上载着重物，马车的旁边站着一个汉子，他想赶着马车通过铁路，但是由于马车的一个轮子掉了，所以马根本拖不动车子。火车上的乘务员看到这个情况后，便向火车司机喊道：“快煞车。”可惜，火车司机根本不听他的。他是这么想的：这时候，火车根本停不下来，而那个汉子又不可能把马车赶走。这样的话，火车根本就没办法避开马车。于是，他没有停下火车，而是让火车以最快的速度冲了过去。那个赶马车的汉子吓得赶紧

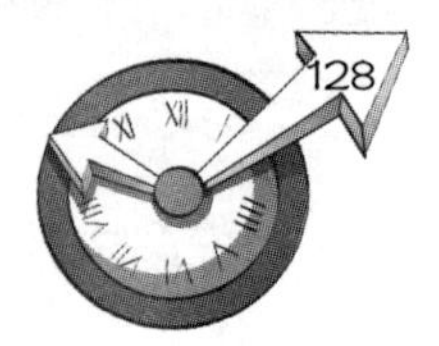

让开了，火车就这样开了过去，并且车身没有受到任何震动。而马车却像木片一样，被抛到了一旁。火车司机对乘务员说：“现在，我们只损失了一匹马和一辆马车，如果按照你说的做，整辆火车上的人都会受到伤害，乘客甚至会全部遇难。这是因为，如果火车行驶的速度非常快，就可以把马车撞开，并保证火车不受震动；而如果以低速前进，火车就可能会脱轨。”

根据力学原理，这件事是否解释得通呢？显然，这里的火车和马车是两个不是“完全有弹性”的物体。在相撞的时候，被撞的马车在碰撞之前是静止的。假设火车的质量和速度分别是 m_1 和 v_1，马车的质量和速度分别是 m_2 和 $v_2(v_2=0)$，那么根据前面的公式，可得：

$$u_1=(1+e)u-ev_1$$

$$u_2=(1+e)u-ev_2$$

$$u=\frac{m_1v_1+m_2v_2}{m_1+m_2}$$

可得：

$$u=\frac{v_1+\frac{m_2}{m_1}v_2}{1+\frac{m_2}{m_1}}$$

由于马车的质量很小，所以马车的质量 m_2 跟火车的质量 m_1 之比 $\frac{m_2}{m_1}$ 非常小，可以忽略不计，于是，我们可得：

$$u \approx v_1$$

代入上面的第一个式子，可得：

$$u_1 = (1+e)u - ev_1 = v_1$$

也就是说，在相撞以后，火车仍然以原来的速度前进，所以对于乘客来说，根本感觉不到任何震动。

而马车呢？相撞以后它的速度将变成：

$$u_2 = (1+e)u - ev_2 = (1+e)v_1$$

可见，马车的速度比火车还要大得多。火车在相撞以前的速度越大，马车在相撞以后得到的速度就越大，即马车被撞的力量也就越大。关于这一点，有非常重要的意义：为了避免火车事故，必须克服马车的摩擦力，要是碰撞的力量不够大，马车就会停在钢轨上，造成重大的火车事故。

从刚才的分析可以看出，火车司机的处置是正确的。正是因为他把火车以最快的速度开了过去，才使得马车和马被撞离钢轨，火车上的乘客也没有感觉任何震动。需要指出的一点是，在托尔斯泰那个时代，火车的速度并不是很大。

“胸口碎大石”的奥秘

有这样一种杂技表演：

一个演员平躺在一个平面上。在他的胸口放上一个非常重的铁砧。旁边的两个大力士

图55 “胸口碎大石”表演。

抡起手中的铁锤，使劲打向那个人胸口上的铁砧。对于图55这样的场景，相信每一位观众都会印象深刻。

很多观众都感到非常惊奇：一个大活人怎么可能承受得了那样的撞击和震动呢？

但是，如果你知道弹性物体碰撞的原理，就可以明白其中的奥秘了。铁砧的质量比铁锤大得多，两者的差距越大，它们在碰撞的时候，铁砧得到的速度就越小。也就是说，此时，下面的人感受到的震动也会越小。

我们知道，弹性物体在碰撞的时候，有下面的公式：

$$u_2 = 2u - v_2 = \frac{2(m_1 v_1 + m_2 v_2)}{m_1 + m_2} - v_2$$

其中，m_1 表示铁锤的质量，m_2 表示铁砧的质量。v_1、v_2 表示它们碰撞之前的速度。我们知道，在它们碰撞之前，铁砧是静止不动的，所以 $v_2 = 0$。那么，上式可以变化为：

$$u_2=\frac{2m_1v_1}{m_1+m_2}=\frac{2v_1\times\frac{m_1}{m_2}}{\frac{m_1}{m_2}+1}$$

如果铁锤的质量 m_1 比铁砧的质量 m_2 小很多，那么它们的比值 $\frac{m_1}{m_2}$ 就会非常小，可以忽略不计。碰撞之后铁砧的速度就可以变化为：

$$u_2=2v_1\times\frac{m_1}{m_2}$$

从这个式子可以看出，碰撞之后铁砧的速度只是铁锤速度的很小一部分。

比如，铁砧的质量是铁锤的100倍，那么它的速度就是铁锤速度的 $\frac{1}{50}$：

$$u_2=2v_1\times\frac{1}{100}=\frac{1}{50}v_1$$

通过刚才的分析，我们知道，对于躺在铁砧下面的演员来说，铁砧的重力越大越好。这个表演最困难的地方在于：要让胸口在承受这么大的重力时不受任何损伤。如果把铁砧的底面制作成一个特别的形状，它就可以大面积接触人体，而不仅仅在某个地方和人的身体接触。这一点并不难做到。这样，铁砧的重力就会分布在一个比较大的面积上，而分布在每平方厘米上的力量就小多了。有时候，在铁砧的底面和身体之间，会加上一层柔软的衬垫，这也是为了分散力量。

通常表演的时候，铁砧的重力确实是很重的，这没有必要欺骗观

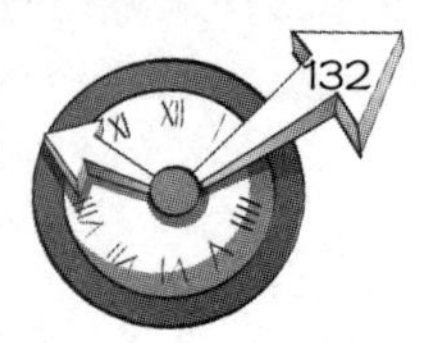

众，但铁锤的重力却是很小的，但在观众看来，却像是很重似的。这一点很容易实现。比如，使用一空心的铁锤，或者根本就不是铁制的锤子，在砸下去的时候，装作很重的样子，这样，铁砧的震动就会非常非常小。

Chapter 7
关于强度的几个问题

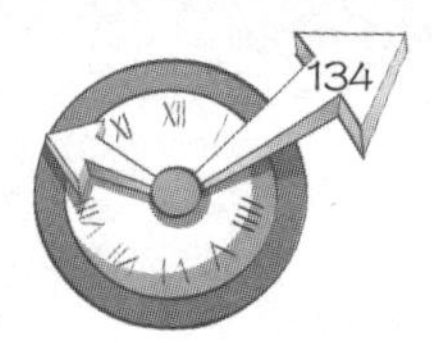

可以用铜丝测量海洋的深度吗

一般来说，海洋的平均深度约为4千米，但是在一些特殊的海域，深度可能达到这个数值的两倍，甚至更多。我们曾经提到过，海洋最深的地方大概有11千米。如何测量这么深的地方呢？如果垂下一条长度超过10千米的金属丝，它会不会因为自身的重力太大而断掉呢？

我们用铜线来做这个实验。假设这根铜线的直径为D厘米，它的长度是11千米，那它的体积就是$\frac{1}{4}\pi D^2\times 1100000$立方厘米。而每立方厘米铜在水里的质量是8克，所以这根铜线在水里的质量为：$\frac{1}{4}\pi D^2\times 1100000\times 8=6900000D^2$克。

我们不妨假设这根铜线的直径D为3毫米，那么它在水里的质量将是620000克，就是620千克。这么细的铜线是否可以承受这样的负载呢？对于这个问题，我们姑且放在一边，先来看一看：要想使一根金属丝或者金属杆断掉需要多大的力。

力学中有一门学科，叫“材料力学”。学习这门科学可以让我们知道，使一根金属丝或者金属杆断裂的力的大小与金属丝或者金属杆的材料、截面积和施力时的方法有关。

其中，它跟截面积的关系最简单：截面积增大多少倍，可以使金属丝或者金属杆断裂的力就会增大多少倍。

它跟材料的关系可以通过实验得到。当金属杆的截面积为1平方毫米时，拉断各种材质的金属杆所需要的力是不同的。在很多工程手册（或称“抗断强度表”）上，我们都可以查到这些数据。图56中标出了很多种材料的抗断数据。从这个图上，我们可以看出：如果想拉断一条截面积为1平方毫米的铅丝，需要2千克的力；如果拉断一条同样粗细的铜丝，需要40千克的力，如果拉断一条同样粗细的青铜丝，需要100千克的力……

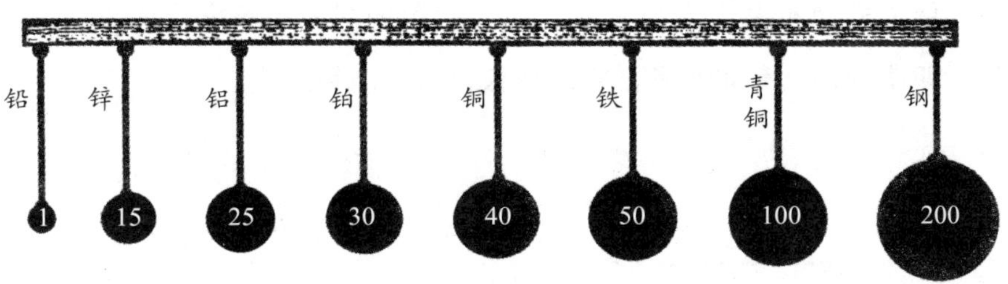

图56　不同材质金属丝的抗断强度表（截面积为1平方毫米，质量单位为千克）。

但是，在工程设计上，是根本不允许让杆受到如此大的力的作用的。可以说，这些数值都是临界值。如果以这个数据来设计，最后的结构会很不稳定。而且，如果材料有非常细微的、肉眼看不出来的缺陷，那么只要有一点儿震动，或者温度发生了细微的变化，这个杆就可能会断裂，整个结构就会损坏。所以在实际应用中，我们通常会取一个“安全系数”，也就是使这个力只有断裂负载的几分之一，比如，$\frac{1}{4}$、$\frac{1}{6}$，或者$\frac{1}{8}$。具体是多少，需要根据材料和工作条件来确定。

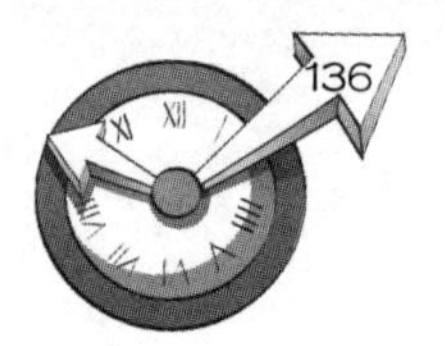

下面，我们回到前面的计算之中。铜线的直径为D厘米。要想拉断这根铜线，到底需要多大的力呢？根据公式，我们可以得出它的截面积是：$\frac{1}{4}\pi D^2$平方厘米（$25\pi D^2$平方毫米）。

从图56中，我们可以查到：如果铜线的截面积为1平方毫米，拉断它需要的力是40千克。因此要想让上面的这根铜线断掉，需要的力就是：

$$40\times 25\pi D^2 = 1000\pi D^2 = 3140D^2 \text{（千克）}$$

铜线的自身质量是$6900D^2$千克，这个数值比$3140D^2$千克大了1倍多，所以即便不考虑安全系数，也不能用铜线来测量海洋的深度。而且，即使铜线只有5000米，它也会被自身的质量压断。

最长的金属悬垂线

通常情况下，每根金属丝的极限长度都是一定的。如果超过这个极限长度，金属丝就会断掉。一条金属悬垂线的长度也不是无限的，它总是存在一个不可逾越的极限值。在这个问题上，把金属丝加粗是没有任何意义的。比如，把金属丝加粗一倍，也就是直径加大一倍，根据前面一节的分析，我们知道：这样做确实可以使金属丝的抗拉力增大到原来的4倍，但是金属丝的重力也会增加到原来的4倍。所以，极限长度与金属丝的粗细没有关系，而跟它的材料有关。如果是铁质的金属丝，它的极限长度是一个值；如果是铜质的金属丝，它的极限长度是一个值；如果是铅质的金属丝，它的极限长度又会是另一个值。那么，如何计算金属丝的极限长度呢？实际上，方法很简单。通过前面一节的学习，我们可以很容易地求出来。

比如，一根金属丝的截面积为s平方厘米，它的长度是L千米，每立方厘米金属丝的质量为ρ克，那么这根金属丝的自重就是$10000sL\rho$克。而它可以承受的质量是：

$$1000Q \times 10s = 100000Qs \text{（克）}$$

其中，Q表示每平方毫米截面积的断裂负载（单位为千克）。所以，在极限情况下，有：

$$100000Qs = 100000sL\rho$$

极限长度L为：

$$L = \frac{Q}{\rho}$$

利用这个简单的式子，我们就可以很容易地得出各种材质金属丝的极限长度。在前文中，我们求出了铜线在水中的极限长度。如果在水外，铜丝的极限长度要小得多，它等于$\frac{Q}{\rho} = \frac{40}{9} \approx 4.4$千米。

下面是几种常见材质的金属丝的极限长度：

铅丝：0.2千米

锌丝：2.1千米

铁丝：7.5千米

钢丝：25千米

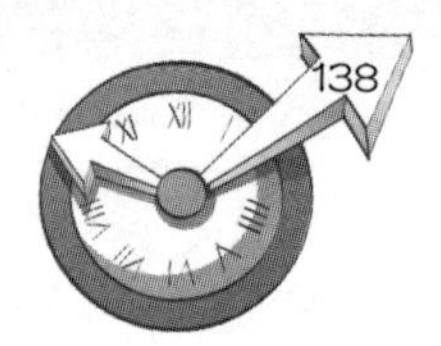

在实际应用中，我们是不可能制作这么长的悬垂线的，因为这些数值都是极限值。所以，通常以它们所能承受的断裂负载的一部分来制作。比如，如果是铁丝和钢丝，通常取它们可以承受的断裂负载的$\frac{1}{4}$制作。

在现实中，我们在使用铁丝做悬垂线时，通常取的长度不会超过2千米，钢丝则不会超过6.25千米。

上面讲的是在水外面的情况。如果是在水中，这些金属丝的极限长度要大得多。比如，铁丝和钢丝的极限长度要比上面的数值大$\frac{1}{8}$。但即便如此，也远达不到海洋的最深处。

在做这种测量的时候，我们通常会选用一种由特殊材料制成的非常坚固的金属丝。需要指出的是：现在，在测量海洋深度时，人们已经不再使用金属丝了，而是采用海底的回声来进行测量，即回声测深法。

最强韧的金属丝

有一种材料的抗拉强度非常高，它就是镍铬钢。截面积为1平方毫米的镍铬钢丝的抗断力是250千克。

如图57所示，通过这个图，我们可以很清晰地理解这一数字的含义。图中，镍铬钢丝可以把一头肥胖的猪挂起来。以前，人们在测量海洋的深度时，用的就是这种钢制成的金属线。在水中，镍铬钢丝每立方厘米的质量是7克。当它的截面积为1平方毫米时，负载受能承受的量是（安全系数为4）：

$$250\times\frac{1}{4}\approx 62\text{（千克）}$$

它的极限长度为：

$$L=\frac{62}{7}\approx 8.8\text{（千米）}$$

海洋最深的地方比8.8千米要深，所以需要取一个比较小的安全系数。因此，在实际使用过程中，工作人员需要非常小心，以防金属丝断裂。

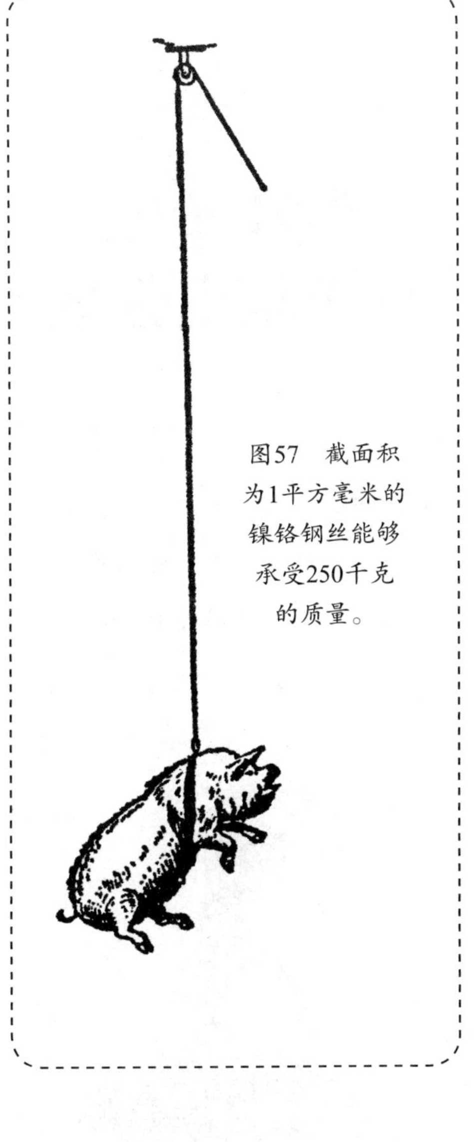

图57　截面积为1平方毫米的镍铬钢丝能够承受250千克的质量。

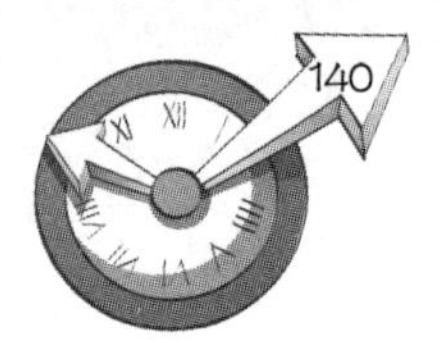

头发丝比金属丝更强韧

在很多读者的印象中，头发丝的强韧程度与蛛丝差不多。但是，事实并非如此，头发丝其实比很多金属丝都要强韧得多。一般来说，人的头发只有0.05毫米粗，但它可以承受的质量却可以达到100克。我们不妨来计算一下：如果头发的截面积达到1平方毫米，它可以承受的质量是多少。我们知道，如果一个圆的直径为0.05毫米，那么它的面积就为：

$$\frac{1}{4}\times3.14\times0.05^2\approx0.002\text{ 毫米}^2$$

可见，头发丝的截面积只有$\frac{1}{500}$毫米^2，但它可以承受的质量达到了100克。如果截面积为1平方毫米，它可以承受的质量就是50000克，即50千克。如图58所示，这里形象地表现了头发丝的强韧程度。可见，在抗拉强度上，头发丝

图58　女子发辫的强大力量。200000根头发可以提起20吨重的卡车。

介于铜和铁之间。

我们可以得出这样的结论：头发丝比铅丝、锌丝、铝丝、铂丝、铜丝都要强韧一些，仅仅比铁丝、青铜丝和钢丝差一些。

在小说《萨兰博》中，作者写道：

> 古代迦太基人以为，女人的辫子可以拿来做投掷机的牵引绳，而且是最适合的材料。

小说中的这一描述是很有道理的。

自行车架为什么要用空心管制作

如果一根管子的环形截面与一根实心杆的截面面积相等，那么它们的强度是一样的吗？谁更有优势一些？在抗断强度和抗压强度方面，这两根管子是没有什么区别的，拉断或者压碎管子和实心杆所需要的力也是没有什么差别的。但是，在抗弯强度方面，它们之间的差别就大多了。在实心截面积和环形截面积相等的情况下，弯曲一根实心杆比弯曲一根管子要容易多了。

对于这一点，强度科学的奠基人伽利略，在很早以前的时候就下过结论。下面，我们不妨来看一下他当时是怎么说的。在他的著作《关于两个新学科的谈话和数学论证》中，有这样一段内容：

对于空心的物体的抗力，我想说一下我的意见。在人类的技艺、技术中，以及在自然界中，空心的物体都被广泛应用。这种物体可以在质量不增加的情况下大大提高自身的强度。这一现象，我们可以在鸟骨和芦苇中看到。它们的质量非常小，但是却有非常大的抗弯力和抗断力。麦秆上面的麦穗的质量要比整根麦茎的质量大多了，如果麦秆不是空心的，而是同样质量的实心的，那么它的抗弯力和抗断力就会降低很多。实际上，在很早的时候，人们就发现了这一点，并且通过实验进行了证实。空心的木棒或者金属制成的管子要比同样长度、同样质量的实心杆坚固得多。当然了，在这种情况下，实心杆要比空心管细一些。在制作工艺上，人类把这一观察到的结果用于各种物体的制造上，把一些东西专门做成空心的，以此来增加坚固性，而且又非常轻巧。

我们可以深入研究一下，梁弯曲的时候，会产生什么样的应力。这样，我们就会理解为什么空心的物体比实心的要坚固得多。如图59所示，杆AB的两端被支了起来，中间挂上一个重为Q的物

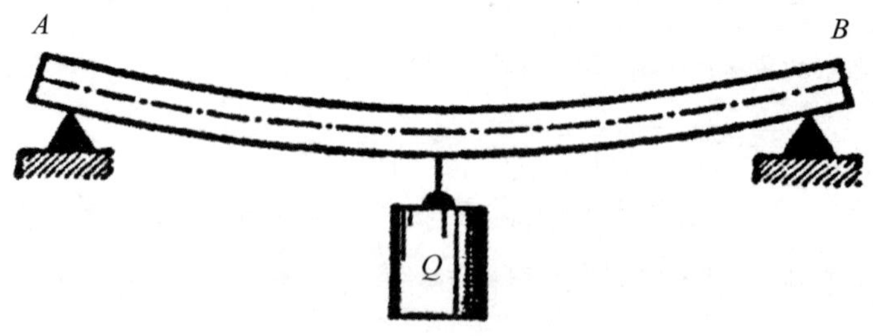

图59　梁的弯曲示意图。

体。由于受到了重物的作用，这根杆必然向下弯曲。这根杆会出现什么变化呢？可以看出，杆的上半部分被压缩，而下半部分则被拉伸，中间有一部分（我们称为中立层）既没有被压缩，也没有被拉伸。被拉伸的那一部分产生了一个抗拉伸的弹力，被压缩的那一部分产生了一个抗压缩的弹力，这两个力都试图让杆恢复原状。杆的弯曲程度越大，抗弯力也就越大，只要不超出弹性极限，它就会一直达到某个值为止。直到杆产生的拉伸力和压缩力的合力等于Q，杆就会停止弯曲。

从前面的分析中，我们可以看出，对杆的弯曲进行反抗的是杆的上半部分和下半部分，距离中立层越近的地方，这个力就越小。所以，在制作梁的时候，最好让大部分材料都尽量远离中立层。比如，图60中的工字形梁和槽形梁，就是这样制作出来的。

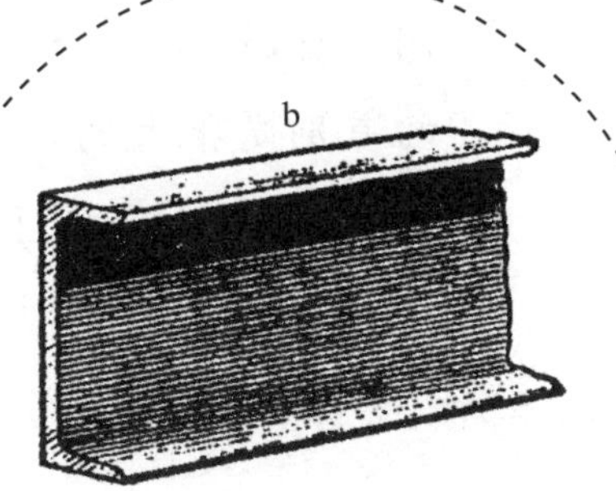

图60　工字形梁（a）和槽形梁（b）。

即便如此，在制作的时候，也不能使梁壁太单薄，必须保证两个梁面之间的位置不会变动，而且，要保证梁的稳定。

如果想节省材料，还可以制作出比工字梁更完善的形式，就是桁形架。如图61所示，在桁形架上，接近中立层的地方根本就没有材料，所以

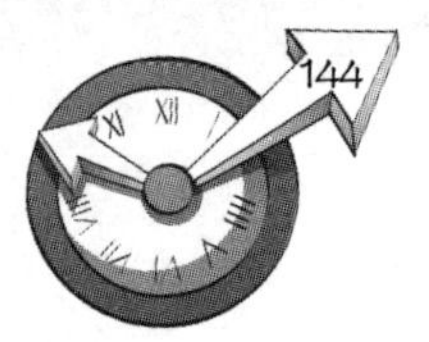

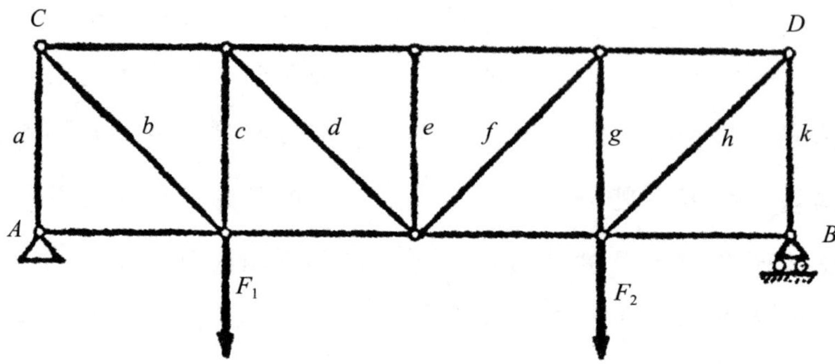

图61　桁形架示意图。

它更加轻便。从图中可以看出，弦杆AB和CD把杆a、b……k 连接起来，从而节省了很多材料。通过前面的分析，我们知道，在负载F_1和F_2的作用下，上弦杆CD将被压缩，下弦杆AB将被拉伸。

到此为止，对于空心管比实心杆更有优势的道理，相信读者朋友已经明白了。最后，我想用两个数字来加深一下读者的印象。

假设两根圆形梁的长度是相等的，其中，一根是实心的，另一根是空心的，空心管的环形截面积与实心梁相同。也就是说，这两根梁的质量相等。在抗弯力上，它们的差别是很大的。通过计算可以得出：空心管的抗弯力比实心梁能够增加112%。也就是说，空心管的抗弯力增大了1倍还多。

寓言“7根树枝”所蕴含的力学原理

朋友们，给你一把扫帚，如果把它拆开，你可以很容易地把每一根枝条折断。但是，在系好的情况下，你是否还能折断它？

——绥拉菲莫维奇《在晚上》

很多读者可能都听过7根树枝的古老寓言。寓言中，父亲为了让儿子们能够和睦生活下去，把7根树枝系在一起，让他们把这束树枝折断。儿子们轮流进行了尝试，结果都没有成功。最后，父亲把这束树枝拆了开来，然后再一根根折断，很容易就成功了。

这个寓言中包含着力学原理，即强度。下面，我们就来研究一下这个原理。

如图62所示，在力学中，杆的弯曲程度通常用挠度 x 来表示。杆的

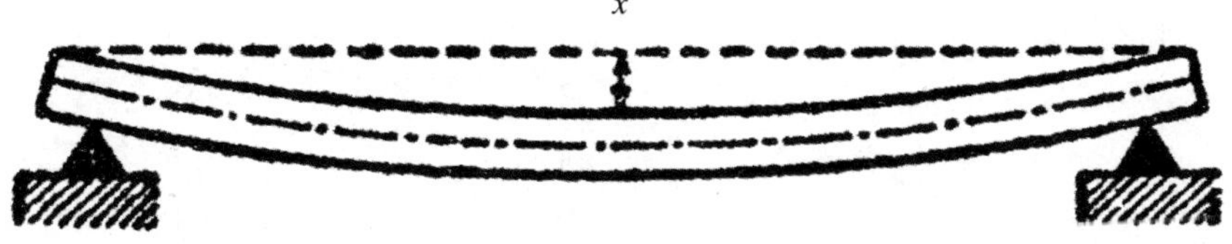

图62　挠度 x 示意图。

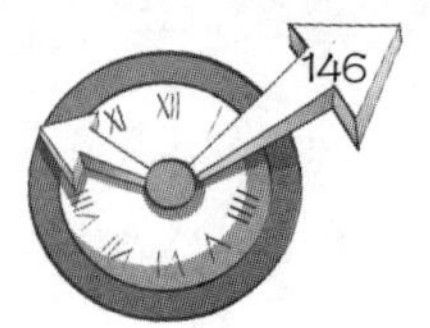

挠度越大，它就越容易被折断。挠度的大小通常用下面的公式来表示：

$$挠度\ x=\frac{1}{12}\times\frac{Pl^3}{\pi Er^4}$$

其中，P表示作用于杆上的力、l表示杆的长度、π是圆周率、E表示杆的材料的弹性、r表示杆的半径。

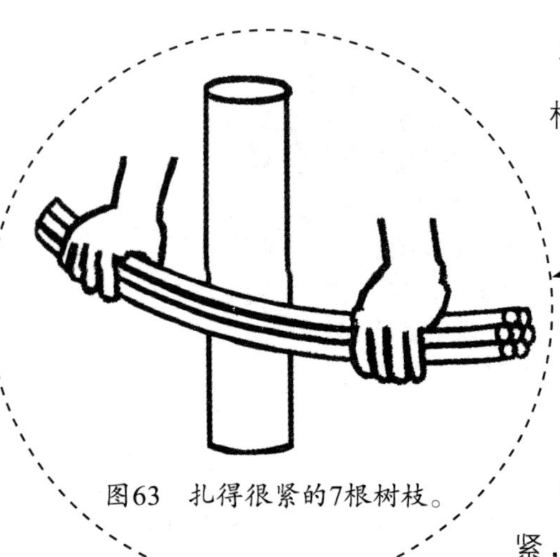

图63　扎得很紧的7根树枝。

我们可以运用这个公式来分析前面的寓言故事。如图63所示，假设这7根树枝的位置是按照图中的样子放置的，图中画出的是这束树枝的端面。如果树枝扎得非常紧，我们就可以把这束树枝看作一根实心杆，虽然中间总是有一些空隙，但并不影响我们的分析。从图中可以看出，这根实心杆的直径大概等于一根树枝的3倍。通过下面的分析，我们就可以知道：弯曲（或者折断）一根树枝，比弯曲（或者折断）这根实心杆要容易很多倍。假设需要作用在一根树枝上的力为p，而作用在7根树枝扎成的实心杆上的力为P，那么p与P之间的关系就可以通过下面的式子来计算：

$$\frac{1}{12}\times\frac{pl^3}{\pi Er^4}=\frac{1}{12}\times\frac{Pl^3}{\pi E(3r)^4}$$

可得：

$$p=\frac{P}{81}$$

可见，折断一根树枝所需要的力只有折断整束树枝的$\frac{1}{81}$。

Chapter 8
功、功率与能

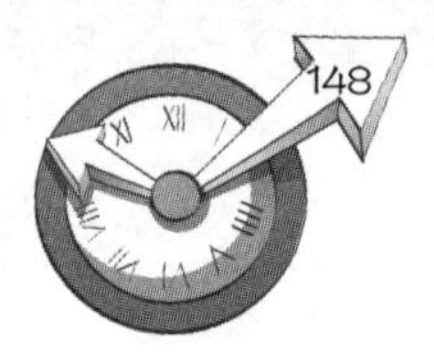

功的单位没告诉我们的东西

“你知道什么是公斤米吗？”

公斤米是旧制功的单位。
1公斤米=9.8焦耳

“知道，就是把1千克的物体提高到1米处所做的功。”很多人可能会给出这样的答案。

关于功的单位，很多人以为，除了定义中给出的，再加上上面这一句就足够用了。当然，上面提到的1米高度，通常指的是距离地面的高度。但是，仅仅满足于此，是不够的。我们不妨来看下面这个题目：

一门大炮炮膛的长度是1米，它向空中笔直地射出了一枚质量为1千克的炮弹——可见，炮膛中的火药气体只作用了1米的距离。在炮弹飞出炮膛之后，气体的压力没有任何作用，仅仅把炮弹的高度提高了1米，只做了1公斤米的功。可问题是，大炮所做的功真的只有这么一点儿吗？

如果这是真的，那我们不用火药，用其他方法（比如，用手）就可以把炮弹提升到这样的高度。很明显，上面的分析是错误的。

但它究竟错在哪儿呢？

其实，错就错在我们在讨论大炮所做的功时，只考虑了功的很小一部分影响因素，却把大部分影响因素忽略了。前面的分析没有考虑到的是：炮弹在炮膛中走完全程时达到了一个速度，而这个速度是炮弹静止在炮膛里的时候没有的。也就是说，火药气体所做的功不仅表现在把炮弹提升了1米的高度上，还表现在让炮弹有了一个非常大的速度。但是，刚才的分析并没有考虑到这一点。要是知道了炮弹的速度，我们就可以很容易地计算出这部分功的大小。比如，炮弹离开炮膛时的速度为600米／秒（也就是60000厘米／秒），而炮弹的质量为1千克（也就是1000克），那么炮弹的动能就是：

$$\frac{mv^2}{2}=\frac{1000\times60000^2}{2}=18\times10^{11}\text{（尔格）}=1.8\times10^5\text{（焦耳）}$$

如果以公斤米为单位，大概是18000公斤米。

可见，公斤米的定义是不准确的。

那么，究竟该如何补充公斤米的定义呢？通过前面的分析，我们已经知道：公斤米是功的单位，它表示在地球表面上提升1千克静止的物体到1米的高度时所做的功。其中，重物在提升到1米的高度时，速度仍然是0。

如何正好做1公斤米的功

把质量为1千克的砝码提升到1米的高度，并不是一件难事。但是，提升的时候需要的力是多大呢？如果力也是1千

克，肯定是提不起砝码来的。也就是说，要用比1千克大一些的力——必须超过砝码的重力，这样才能使砝码运动。但是，如果力的作用不间断的话，它会给这个砝码一个加速度。当把砝码提升到1米的高度的时候，它就会使砝码产生一个速度。也就是说，最后砝码的速度不等于0。这时候，力所做的功就不是1公斤米，而是比1公斤米大一些了。

究竟应该如何做功，才能使质量为1千克的砝码提升到1米的高度，并且保证所做的功正好是1公斤米?

我们可以这样做：在一开始的时候，给这个砝码一个比1千克稍微大一些的力，而且要从砝码的下面来施力。这样，我们就给了砝码一个向上的加速度。到了一定的高度后，我们要减小或者完全停止刚才施加的力，以便使砝码的速度慢慢降下来。需要注意的是，力的变化要非常恰当，要等砝码达到1米的高度时，速度正好降到0。

这样看来，我们给砝码的力并不是一个一成不变的大于1千克的力，而是一个不断变化的力。在一开始的时候，力要比1千克大一些，之后又要比1千克小一些，最后作用的功就正好是1公斤米了。

如何计算功

通过前文的分析，我们知道，把一个重为1千克的物体提升到1米的高度，要想所做的功正好是1公斤米，操作起来是非常复杂的。所以，在实际应用中，我们最好不要使用公斤米的定义，因为这个定义虽然简单，但却容易使人产生不准确的认识。

下面，我们来看另一个定义，这个定义就好用多了，并且不会误导我们。

如果作用力的方向与路程的方向一致，那么1公斤米就等于1千克的势能在1米的距离上所做的功。

需要注意的是，定义的条件——方向一致，是非常有重要的。如果忽略这一条件，在计算功的时候，就可能发生严重的错误。

对于这个定义，很多读者可能并不认同，他们觉得：如果这样的话，物体在移动了接近1米的距离时不是也有可能产生速度吗？对于这一点，读者的观点是正确的，确实会产生一定的速度。但是，在这个定义中，正是所做的功使物体得到了这个速度，使物体有了一定的动能。此时动能的大小应该正好等于1公斤米。如果不是这样，就违反能量守恒定律了。在前面的题目中，炮弹不仅增加了动能，还增加了1千克的势能，所以最后的能要比1公斤米大。

另一个问题，应该如何比较发动机的工作能力呢？其实，只要比较它们在同样的时间里所做的功，就可以了。一般情况下，我们取时间的单位为秒。

在力学中，有一个度量发动机工作能力的物理量，就是功率。发动机的功率就是：发动机在1秒的时间里所做的功。在工程计算中，功率的单位有两个，分别为：瓦特和马力。它们的关系是：1马力 = 735.499瓦特。

下面，我们举个例子，来说明一下功率是如何计算的。

一部汽车的质量是850千克（或者说，它的势能是850千克）。它

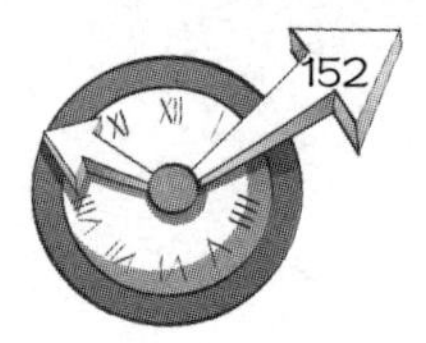

在水平的道路上以72千米／小时的速度直线行驶。假设汽车在行进的时候受到的阻力是它自身重力的120%。请问，汽车的功率是多少？

首先，我们来计算一下使汽车前进的力是多大。汽车进行的是匀速运动，所以，这个力等于汽车受到的阻力，也就是：

$$850\times0.2=170\text{（千克势能）}$$

下面，我们再来看看汽车在1秒的时间里走过的距离。根据题意，汽车的速度是720千米／小时，也就是：$\frac{720\times1000}{3600}=20$米／秒。

显然，产生运动的力的方向与运动方向是一致的，所以用这个力乘以1秒时间里走过的距离，就等于汽车在1秒的时间里所做的功，也就是汽车的功率。它等于：170千克势能×20米／秒=3400千克势能米／秒≈34000瓦特。

如果换算成马力，就是：

$$\frac{34000}{735}\approx46\text{（马力）}$$

拖拉机的牵引力什么时候最大

【题目】在拖拉机的后面，有一个“挂钩”，它的功率为10马力。请问，它换到下面每一档时的牵引力是多大？

一档的速度：2.45千米／小时

二档的速度：5.52千米／小时

三档的速度：11.32千米／小时

【解答】根据上文的分析，我们知道：1瓦特的功率等于在1秒的时间里所做的功。也等于1牛顿的牵引力与1秒的时间里走过的距离的乘积。所以，在一档的速度下，我们可以得到下面的式子：

$$735\times10=x\times\frac{2.45\times1000}{3600}$$

其中，x表示拖拉机的牵引力。解方程，可得：

$$x\approx10000（牛顿）$$

同样的方法，我们可以计算出，在二档的速度下，拖拉机的牵引力为5400牛顿，在三档的速度下，拖拉机的牵引力为2200牛顿。

从这些数据可以看出，跟我们的常识正好相反，拖拉机的运动速度越小，牵引力越大。

“活的发动机”和机械发动机

一个人是否可以产生1马力的功率？或者，一个人是否能够在1秒的时间里，做735焦耳的功？

我们通常认为，在正常的

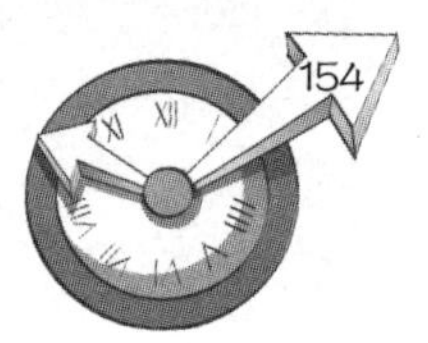

工作条件下，一个人所能产生的功率是$\frac{1}{10}$马力，也就是70瓦特~89瓦特。这种观点并没有什么错误，但在一些特殊的条件下，人能够在非常短的时间里产生比这个数值大得多的功率。比如，如图64所示，我们在快速沿着楼梯上楼的时候，所做的功大概就是80焦耳/秒。以一个体重约为70千克的人为例，如果这个人在1秒钟内能走过6级台阶，每级台阶的高度约为17厘米，这时他所做的功就等于：$70\times6\times0.17\times9.8\approx700$焦耳。

图64　人在上楼梯时可以产生1马力的功率。

这跟1马力的功率（也就是735焦耳），已经非常接近了。而且，这个数值大概是一匹马所能产生功率的$1\frac{1}{2}$倍。当然了，这个过程是非常短的，顶多能维持几分钟的时间，然后就必须休息一会儿。如果把休息的时间也计算进去，那我们所产生的平均功率就只有0.1马力了。

很多年前，在短距离（90米）赛跑中，有个运动员产生了5520焦耳/秒（约7.4马力）的功率。

其实，在某些时候，一匹马所产生的功率也可以非常大。在图65中，这匹马的体重是500千克，它在1秒的时间里跳起来的高度是1米。这时，它所做的功就是5000焦耳，约为：$\frac{5000}{735} \approx 6.8$ 马力。

图65　这匹马在此时产生7马力的功率。

在前文中提到过，1马力的功率大概相当于一匹马平均功率的 $1\frac{1}{2}$ 倍。图中的这匹马的功率达到了平均功率的10倍左右。

如图66所示，“活的发动机”可以在非常短的时间里让自己产生的功率提高很多倍，这是机械发动机无法实现的。毋庸置疑的是，如果在平坦的马路上，一辆10马力的汽车肯定比两匹马拉的马车行驶得快。但是，在沙地里，汽车可能会陷到沙子里，而两匹马却可以在需要的时候产生15马力甚至更大的功率，所以马车可以克服这一阻碍。有一位著名的物理学家曾经对此发表过评论：

图66　“活的发动机”有时比机械发动机好。

从某个角度来看，马真是一台非常有用的机器。在汽车还没有发明以前，我们很难体会它所产生的效能到底有多大，因为马车都是用两匹马来拉的。但是，作为汽车，要想不让它在一个小土堆前面停下，可能需要相当于12匹~15匹马的功率。

100只兔子也变不成1头大象

在比较“活的发动机”和机械发动机的效能时，不能忽视这样一个事实：几匹马的力量之和并不是简单的几匹马的算术相加。比如，在用两匹马一齐拉车时，它们总的力量要小于1匹马的两倍。同样的，3匹马拉车的时候，总的力量也比1匹马的3倍小。之所以会这样，是因为我们在把几匹马套在一起的时候，它们的用力并不均匀，彼此会相互影响。通过实验发现，当不同数量的马套在一起拉车时，它们产生的功率如左表。

套在一起的马匹数	每匹马的功率	总功率
1	1	1
2	0.92	1.9
3	0.85	2.6
4	0.77	3.1
5	0.7	3.5
6	0.62	3.7
7	0.55	3.8
8	0.47	3.8

从左表中可以看出，如果

5匹马套在一起，它们所产生的牵引力并不等于1匹马的5倍，而只有$3\frac{1}{2}$倍；如果8匹马套在一起，它们所产生的牵引力只有一匹马的3.8倍。而且，马匹数量越多，每匹马的功率就越小。

可以说，如果想用马匹来代替一辆功率是10马力的拖拉机，15匹马都不够。

从某种意义上来说，不管是多少匹马，也永远不可能代替一辆拖拉机，哪怕拖拉机的马力非常小。

正如法国的一句谚语："100只兔子也变不成1头大象。"就是这个道理。同样的，我们可以说："100匹马也代替不了1辆拖拉机。"

人类的"机器劳力"

我们的生活中拥有很多机械发动机，但是，很多时候，我们并没有对这些"机器劳力"的威力有很好的了解。相对于"活的发动机"来说，机械发动机有着很多优势，比如，它可以在很小的体积中积蓄很大的功率。古时候，人们所知道的威力最大的"机器"就是大象和马。那时，如果人们想要提高功率，就只能增加它们的数量。一部发动机到底相当于多少匹马的工作能力，是现代所要解决的技术问题。

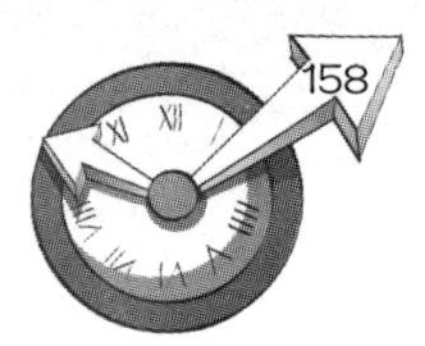

在100多年以前，人们制造出来的最强大的机器是蒸汽机，它的功率是20马力，质量是2吨。相当于，每100千克质量的机器可以产生1马力的功率。马的平均质量是500千克，也就是说，每500千克质量产生的功率是1马力。为方便计算，我们把1匹马产生的功率视为1马力。而蒸汽机却可以做到每100千克质量产生1马力的功率，就相当于把5匹马的功率合到了1匹马身上。

图67　马头涂黑的部分是各种机械发动机产生1马力功率对应的质量。

现在，我们已经可以制造出拥有2000马力的机车，它的质量是100吨。通过简单计算可以得出，它产生1马力的质量更小。而电气机车可以达到4500马力的功率，它的质量是120吨，相当于产生1马力的质量为27千克。

在这个方面，航空发动机可能是最有效率的。一般来说，航空发动机的质量只有500千克，但是它却可以产生550马力的功率，相当于，产生1马力的质量不到1千克。图67非常形象地展示了这几种机械发动机的差别。图中马头上涂黑的部分表示各种机械发动机产生1马力功率对应的马的质量。

图68表现得更加清楚。在图中，两匹马的体积相差非常大，小马表示钢铁制成的航空发动机的质量。可见，在功率相等的情况下，它比1匹马的质量要小得多。图中小马和大马对比还向我们展现了在与“活的发动机”的对比中，“钢铁肌肉”的质量是多么微不足道。

图68　1部航空发动机和1匹马产生1马力功率的质量对比。

图69表示的是1部小型航空发动机与1匹马产生1马力功率的质量对比。这部发动机的汽缸容量只有2升，但却产生了162马力的功率。

图69　汽缸容量为2升的航空发动机产生了162马力的功率。

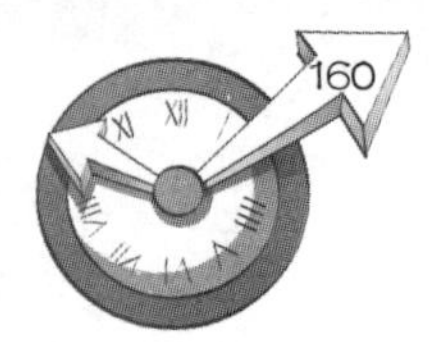

可以说，这场竞赛是没有止境的。运用现代技术，我们会制造出拥有更大马力的机器。对于燃料里所蕴含的能量，我们还可以挖掘得更多。下面，我们来看一下，1卡热量蕴含着多少能量。通常来说，1卡相当于让1升水的温度升高1℃所需要的热量。如果把1卡热量全部转化成机械能，它可以提供4186焦耳的功。换句话说，1卡热量转化的功率可以把重为427千克的物体提升到1米的高度（如图70所示）。但是，现在常见的热力发动机的转化率只有10%~30%。也就是说，1卡的热量能产生的功只有大约1000焦耳，并不是刚才提到的4186焦耳。

图70　如果把1卡热量转化成机械功，能够把427千克的重物提升1米。

人类发明的所有可以产生机械能的能源中，哪一种能源的功率最大？答案是火器！

一般来说，步枪的质量大概是4千克，而它实际起作用的部分只有2千克左右。当步枪发射子弹的时候，它产生的功是4000焦耳。表面看来，这个功并不是很大，但是我们知道，子弹只在枪膛中非常短的时间里受到火药气体的作用，这段时间只有$\frac{1}{800}$秒。我们知道，发动机的功率是指在1秒的时间里所做的功。如果我们把步枪所做的功换算成以1秒的时间单位的功率，可得：

$$4000\times 800=3200000\text{（焦耳／秒）}$$

也就是4300马力。如果我们把这个数值再换算一下，除以步枪起作用的质量，也就是2千克，那么产生1马力功率的质量还不到0.5克。如果将功率与质量建立的对应关系进行比较，它的大小可能只有一只甲虫那么大。

图71　炮弹所做的功足以把75吨的重物升高到金字塔的顶端。

前面我们一直在讨论的是功率跟质量的对应关系。如果以绝对功率来看，火器的功率还不是最大的，最大的应该是大炮。一枚质量为900千克的大炮，在发射的时候，它的瞬时速度可以达到500米／秒。也就是说，在0.01秒的时间里，大炮产生的功大约是1亿1千万焦耳。图71形象地展示了这个功的大小：它相当于把重为75吨的物体提升到**奇阿普斯金字塔**的顶端（差不多是150米）所做的功。而且，这个

> 奇阿普斯金字塔由古埃及第四王朝第二位法老胡夫建造，因此又称为胡夫金字塔，希腊人称他为奇阿普斯。它是世界上最大的金字塔，列为“世界七大奇迹”之一。

功是在0.01秒的时间里瞬间产生的，所以它所产生的功率约为110亿瓦特，也就是1500万马力。

图72展示了1门巨型海军炮所产生的能量。可以看出，它的功率也非常大。

图72 1枚巨型海军炮所产生的热量可以把36吨冰块融化。

不实在的称货方法

以前，一些不实在的商人经常这样称重货物：他们不是把货物慢慢地加到秤盘上，直到最后达到平衡，而是从高一些的地方把货物丢到秤盘上。这样做可以让盛货物的秤盘倾斜下去。一些老实的顾客就被欺骗了。如果顾客不着急，一直等到天平稳定下来，他肯定会发现刚才丢上去的货物并不能使天平达到平衡。商人这么做有什么好处呢？

当物体从高处落下时，会对接触点产生一个压力，相当于增加了货物自身的质量。关于这一点，我们可以通过计算来了解得更清楚一些。假设物体的质量为10克，当它从10厘米的高度落到秤盘上时，它所具有的能量就等于物体的质量与这一高度的乘积，也就是：

$$0.01（千克）\times 0.1（米）=0.001（千克米）\approx 0.01（焦耳）$$

假设秤盘在消耗能量的时候，下降了2厘米。那么，我们可以得到下面的式子：

$$F\times 0.02=0.001$$

其中，F表示此时作用于秤盘的力。计算可得：

$$F=0.05（千克）=50（克）$$

也就是说，一个10克的货物从10厘米的高度落到秤盘上时，除了自身的质量还产生了50克的压力。顾客拿走货物的时候，还没有察觉自己的货物少了整整50克。

难倒亚里士多德的题目

1630年，伽利略奠定了力学的基础。其实，早在距此2000年以前，亚里士多德就曾在他的著作《力学问题》一书中提出了相关的问题：

亚里士多德（公元前384～公元前322），古希腊哲学家、科学家、教育家、思想家。

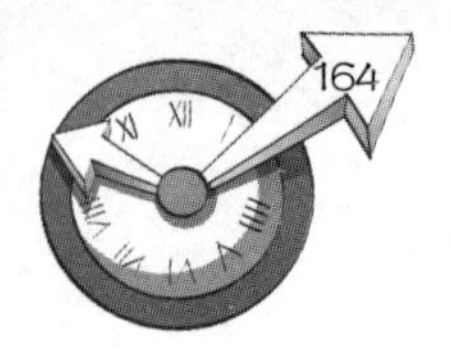

我们把一柄斧头放到木头上，在斧头上面压一个重物。此时，斧头对木头的破坏作用是很有限的。但是，如果我们把重物拿开，先提起斧头，再砍到这块木头上，就会把木头劈开。这是为什么呢？提起斧头砍木头时所用的力比重物的重力小多了呀！

在亚里士多德时代，人们对力学的认识是模糊的，所以智慧如他也不能很好地解答这个题目。读者朋友也觉得不可思议。下面，我们就来讨论一下这个题目。

当斧头砍向木头时，它的动能是多大、是怎样作用的呢?

首先，把斧头举起来的时候，我们会给它一定的能量。

其次，斧头在向下运动的时候也会取得能量。

假设斧头的质量是2千克，当它被举到2米的高度时，它得到的能量就是2×2=4公斤米。当落下的时候，一共有两个力作用在它身上：一个是自身的重力，一个是人的臂力。如果没有人的作用，斧头只在自身的重力作用下落下来，那么它从2米的高度落下时，得到的动能就是它被举起来时获得的能量，也就是4公斤米。但是，由于受到了人手的作用，它落下的速度变快了，这使它的动能迅速地增加了。假设人手在上下挥动时产生的能量是一样的，那么斧头在落下的时候得到的能量就应该等于把它举起来时得到的能量，也就是4公斤米。所以，斧头在砍木头时的能量是8公斤米。

斧头在砍向木头后，会持续向下运动，进入木头里面。它进入的深度是多少呢？如果假设进入了1厘米。也就是说，在0.01米的路程里，斧头的速度降到了0，动能完全消失了。就此，我们可以计算出斧头作用在木头上的力。

$$F \times 0.01=8$$

可得：

$$F=800（千克）$$

斧头砍向木头时的力为800千克。虽然我们看不出它的大小，但是它确实非常大。这么大的力量当然可以把木头劈开，这没有什么可奇怪的。

对于亚里士多德的题目，我们的解答就是这样的。但是，如果再仔细思考一下，我们还会发现一个新的题目：人的肌肉力量是不可能直接把木头劈开的。那人的胳膊是如何把自己不具备的力量作用到斧头上呢？其实，答案也很简单，是在4米的路程中得到的能，全部消耗在了1厘米的路程上。所以，这把斧头所产生的功率完全可以媲美一部像锻锤这样的机器了。

通过前面的分析，我们可以明白：如果使用压力机代替汽锤，我们一定要选择那些力量非常大的压力机才行。比如，20吨的汽锤要用600吨的压力机代替，150吨的汽锤要用5000吨的压力机来代替等。

同样的道理，马刀的作用也可以这么理解。这时候，力主要集中在面积非常小的刀刃上。认识到这一点非常重要。这样，作用在每平方厘米上的压力会变得非常大，大概等于几百个大气压。不过，马刀的挥动幅度也是非常重要的。在砍下之前，马刀大概挥动了1.5米的距离，但是，在敌人的身上却只进去了10厘米。也就是说，在1.5米的路程中得到的能量，全部消耗在了砍进去的距离（10厘米）里。正是因

为这个原因，战士的臂力就像增加了原来的10倍～15倍一样。此外，砍的方法也很重要。在使用马刀的时候，不能直接砍击敌人，而应在砍击的瞬间把马刀往回抽。所以说，马刀是砍切过去的，而不是砍击过去的。读者朋友们不妨用面包做一下这个实验，你会发现用砍击的方法来分面包。要比直接切面包困难得多。

如何包装易碎物品

如图73所示，我们在包装易碎物品的时候，通常会在物品周围放置一些稻草、刨花或者纸条等。至于放这些东西的原因，相信读者朋友都知道，是为了防止物品碎掉。那么，稻草和刨花这类材料为什么可以防止物品被震碎呢？可能你会说：因为这些东西可以“减缓”碰撞时的震动。这个答案相当于把刚才的问题又叙述了一遍，并没有说出真正的原因。

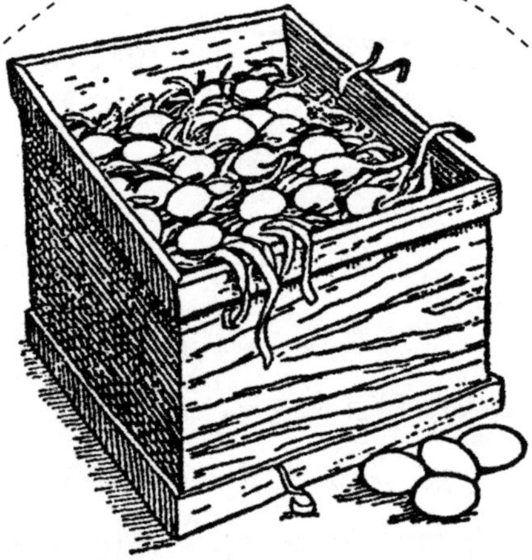

图73　保护鸡蛋用的刨花衬垫。

其实，一共有两个原因：

•一个是通过放置衬垫材料，可以增大易碎物品之间互相接触的面积。比如，一件物品具有尖锐的棱角，那么在它和另一件物品之间放置衬垫材料，就可以把点或者线的接触变成片或者面的接触。这样，就可以使作用力分布在较大的面积上，物品之间的压力就会减小很多。

•另一个是在物品震动的时候才会表现出来。比如，一个箱子里面装着杯盘。在受到震动后，箱子里的物品会发生运动。由于旁边的物品会妨碍其运动，所以物品的运动一定会马上停止。这时，运动产生的能量就会消耗在物品的挤压、碰撞上，结果就会导致物品破碎。由于物品放置得很紧密，能量只能在有限的路程上消耗掉，这时产生的挤压力就会非常大。因为只有这样，才能使能量（$F \times s$）很快地消耗掉。

通过刚才的分析，我们知道了为什么要使用这些柔软的衬垫：就是为了让力的作用距离S变长。如果不垫这样的材料，物品运动的路程会非常短，产生的挤压力就会变得非常大。比如，玻璃、鸡蛋等，哪怕仅仅挤压进几十分之一毫米，都可能碎掉。在易碎物品相互接触的部位之间放置一些稻草、刨花或者纸条，可以把力的作用路程延长几十倍，同时把作用力的大小减小到原来的几十分之一。

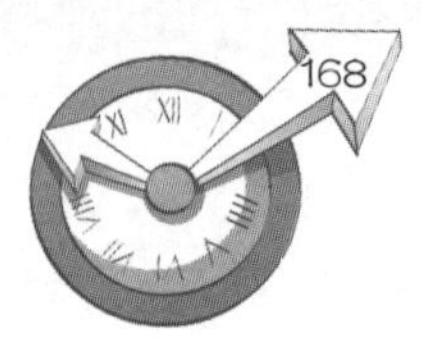

能量从哪里来

在非洲，捕猎野兽的装置使用得非常普遍。如图74所示，只要大象碰到地上斜拉的绳子，捕兽装置上的木头就会垂直落下，扎到它的背。图75中所示的装置更加巧妙，如果野兽碰到绳子，就会使弓上的箭射到自己的身上。

这些装置可以杀伤野兽，它的能量是从哪儿来的呢？很明显，来自布置这些装置的人的能量。在图74中，如果木头

图74　非洲丛林中捕猎大象的装置。

图75　非洲丛林中猎兽用的弓箭装置。

从高处落下，这时候所做的功正好等于人把它举到这个高度时所做的功。在图75中，弓箭所做的功正好等于人把它拉开时所做的功。在这两种情况下，野兽只是把储存在装置中的势能释放了而已。如果想继续使用这些装置，就必须重新做功使它恢复图中的样子。

图76　与悬垂的木头较量着的熊。

如图76所示，在一棵树上有一个蜂窝，熊看到后便想爬到树上去摘。不幸的是，当它爬到一半的时候，被一根悬垂着的木头挡住了去路。于是，熊便推了木头一下。但是，摆开的木头又很快地恢复成了开始的样子，并且还撞了熊一下。气愤的熊便又狠狠地推了木头一下。结果，木头还是弹了回来，并且重重地打在了熊的背上。熊变得狂躁起来，更加用力地推开木头。结果，再次弹回来的木头将它打得更重了。在一番斗争后，熊被折腾得筋疲力尽了。最后，熊从树上跌落了下来，并且被树下尖锐木橛给扎了。

可能很多读者都读过这个故事，不得不说，故事中的装置非常巧妙，不需要再次布置就可以重复使用。当它把第一只熊打落之后，还

可以把爬上树的第二只熊打下去，接着是第三只，第四只……那么，读者可能要问了，把熊打下来的能量从何而来呢?

其实，这个装置所做的功完全来源于野兽自身的能量。或者说，熊是自己把自己从树上打下来、自己使自己跌落在尖锐的木橛上的。当熊推开悬垂的木头时，它把自己肌肉的能量变成了举起来的那根木头的势能。接着，这个势能又变成了落下来的木头的动能。同样的道理，熊在爬树的时候，也把一部分肌肉的能量变成了身体在高处的势能。后来，这个势能变成了使熊的身体跌落在尖锐木橛上的动能。换句话说，熊是自己打自己、自己使自己从树上摔到地上、自己把自己戳到尖锐的木橛上的。这只熊越强壮凶猛，它被木头打得就越厉害，最后受到的伤害也就越严重。

自动机械真的能“自动”吗

有一种非常小巧的仪器，叫测步仪，不知道读者朋友是否听说过。它和一只怀表的样子和大小差不多，可以放在口袋里，它会自动计算你步行时走的步数。图77所示的就是测步仪的表盘和内部构造。在这个机械构造中，主要的部分是重锤B，它跟杠杆AB固定在一起，并位于AB的一端。杠杆AB可以围绕轴A旋转。在静止状态时，重锤会停留在图中所示的位置，由一个软弹簧把它“固定”在仪器的上半部分。我们知

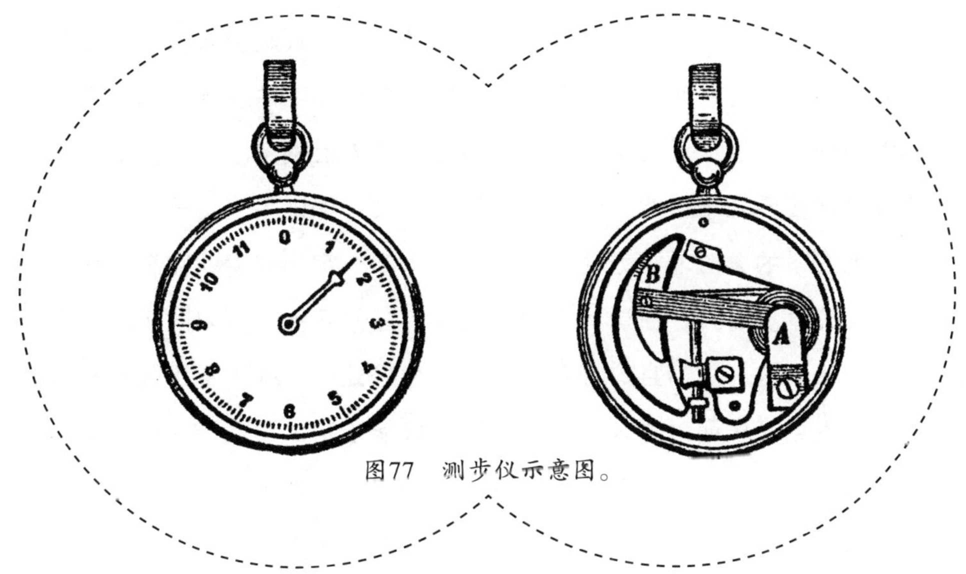

图77　测步仪示意图。

道，人每走一步，身体都会有起伏。所以，当人带着测步仪走路时，测步仪也跟着上下起伏。但是，由于惯性的作用，重锤B并不能立刻跟着仪器的起伏而升起，它会反抗软弹簧的弹性，使自己到达仪器的下半部。受到同样原理的影响，当测步仪往下落时，重锤B会向上移动。所以，人每向前走一步，杠杆AB都要来回摆动两次（也就是上去一次，下来一次）。同时，AB的摆动可以带动齿轮转动，使表盘上的指针移动，从而记录下这个人的步数。

如果有人问：测步仪产生动作的能源来自何处？你可以肯定而准确地告诉他，是人的肌肉做功。没错，这是完全正确的。可能有人认为：对于步行的人来说，根本不用多花能量，就可以使这个仪器运转，因为反正人是行走着的。这个观点是错误的。对于带着它步行的人来说，当然需要花一些力量，除了克服它的重力外，还要克服拉住重锤B的弹簧的弹力，把这个仪器抬到一定的高度。

说到这种仪器，不禁使我想起另一种仪器，就是由人的日常动作带动的手表。这种手表很常见，当把它戴在手腕上的时候，通过手的不停动作就可以上紧发条，根本不需要手动来上发条。通常情况下，我们只需要戴几个小时，就可以使发条上紧，保证手表走一昼夜。这种表上发条的方法非常方便，只要发条上到一定的程度就完全能保证它的准确性。而且，在这种表的表壳没有任何开孔，可以防止灰尘和水进入手表内部。而且这种手表还有一个好处——根本不用去想什么时候上发条。表面上看来，似乎这种表只能给钳工、裁缝、钢琴家、或者打字员使用才行，对于脑力劳动者来说，根本不适用。但是，这种看法是错误的。对于这种表来说，只需要非常细微的脉动，就可以使它走动，并上紧发条。哪怕只是动作了两三下，也足以使重锤带动发条，走上几个小时都没有问题。

那么，我们是不是可以这么认为：这种表不会消耗主人一点儿能量，就可以一直走下去。这种看法是不正确的。它与手动上紧发条的普通手表是一样的，也是需要主人肌肉的能量的。当把这种手表戴在手腕上时，通过做动作所做的功要比普通的手表大一些。跟前面的测步仪一样，在克服弹簧的弹力时会消耗佩戴者的一部分能量。

从某种意义上来说，这两种装置都不能算自动机械，它们只是不需要人“专门照料”罢了。但是，它们仍然需要人的肌肉的力量来上紧弹簧。

钻木取火

根据书本上说的方法，钻木取火似乎并不是一件困难的事情。但是，在实际操作过程中，你可能会发现操作起来并不容易。**马克·吐温**在书中写过一个故事，就是关于摩擦取火的。他想根据书本上介绍的方法，进行了摩擦取火。下面是他对这件事的描述：

> 马克·吐温（1835~1910），美国著名作家、演说家，代表作有《百万英镑》《汤姆·索亚历险记》。

我们每个人都找了两条木棒，开始摩擦。可是，两个小时过去了，所有人都快冻僵了，木棒还是冷冰冰的，一点儿着火的迹象也没有。

杰克·伦敦在《老练的水手》一书中，也曾描写过一个相似的情景：

> 杰克·伦敦（1876~1916），美国著名现实主义作家，代表作有《野性的呼唤》《海狼》《白牙》。

我看过很多遇难脱险的人后来写的回忆录，他们都曾经试图用这个方法来取火，结果都失败了。其中，有一位

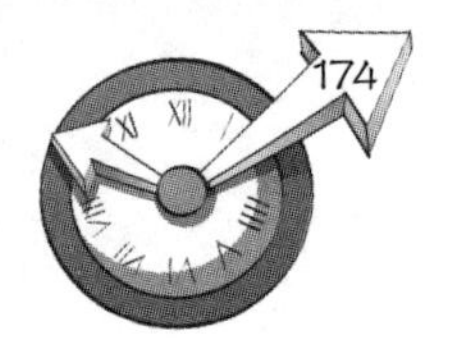

新闻记者给我的印象很深刻。他曾到阿拉斯加和西伯利亚旅行，有一天，我在一个朋友的家里遇到了他，便与他聊了起来。他跟我提到了当时想用木棒钻木取火的事情，并且很风趣地讲述了那次失败的经历。

在凡尔纳的《神秘岛》一书中，也写到了钻木取火。其中，老练的水手潘克洛夫与青年赫伯特的一段对话是这样的：

“我们完全可以像原始人那样，把两块木块放在一起，进行摩擦取火呀！”

“当然可以，孩子，你可以试一下。不过我想，如果你真的这样做，只能使你的两只手磨出血，根本擦不出一点儿火花。”

“但是，这个方法明明在许多地方都普遍应用呀！”

“呵呵，我不想和你讨论这个问题，”水手回答说，“我想，那些人肯定有什么特别的本事吧，我曾经不止一次试过这个方法，但是，无一例外地都失败了。所以，我觉得，用火柴是最好的办法。”

在书中，凡尔纳还写道：

即便如此，赫伯特还是去找了两块干燥的木块，想采用摩擦的方法来取火。我想，如果把他所付出的能量都转化成热量，这些热量完全可以使一艘横渡大西洋的轮船上的锅炉里面的水沸腾。但是，很遗憾：那两块木块只是温度升高了一点点，和他们两个人身上的热相比，要少得多。

大约过了一个小时，赫伯特累得满头大汗。他生气地把木块扔在地上。

“让我相信古代人用这个方法来取火，是绝对不可能的。我宁肯相信冬天出现了大热天。”赫伯特说道，“在我看来，摩擦两只手把手心点燃，可能都比这个容易。”

这些人为什么都失败了呢？到底是因为什么呢？其实，问题就在于他们没有采用正确的方法。古代人并不是通过简单的摩擦木棒来取火的，而是把一根木棒削尖，然后在另一块木板上钻孔。

显然，这两种方法是非常不同的。简单分析一下，我们就可以看出它们之间的差别。

如图78所示，如果我们用木棒CD沿木棒AB来回运动，假设来回的频率是每秒钟一次，CD每次前后移动的距离是25厘米，而双手作用在上面的压力是2千克。对于相互摩擦的木头来说，它们之间的摩擦力大概等于作用在上面的压力的40%。也就是说，这时，摩擦力是$2\times0.4\times9.8\approx8$牛顿，来回移动的距离是50厘米。力在这段距离一共做了$8\times0.5=4$焦耳的功。假设这些功全都变成了热，那么热量作用到

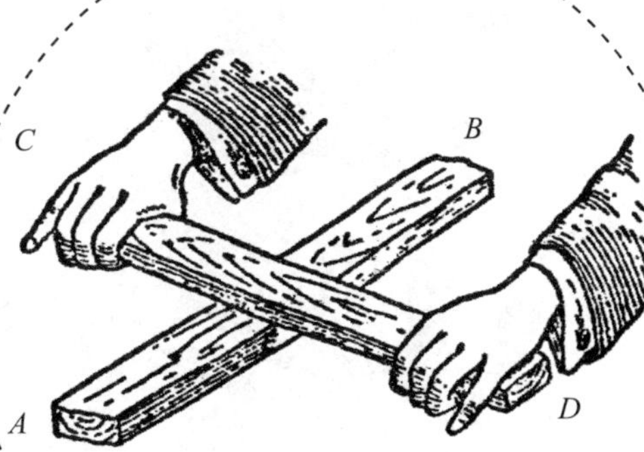

图78　不正确的摩擦取火的方法。

图79　正确的钻木取火方法。

木头上的体积有多大呢?

我们知道，木头的导热性很差，所以摩擦产生的热只能透到木头里面很浅的地方。

不妨假设木棒受热部分的厚度是0.5毫米，木棒在相互摩擦的时候，接触的长度是50厘米，如果木棒的宽度为1厘米（也就是说，接触面的宽度是1厘米），那么木头受热部分的体积是：

$$50\times1\times0.05=2.5（立方厘米）$$

这些木头的质量是多少呢？大概是1.25克。假设木头的热容为0.6，那么这些木头升高的温度为：$\frac{4}{1.25\times2.4}\approx1°C$。

也就是说，即便不考虑因为天气冷而造成的热量损失，两根摩擦的木棒在1秒的时间里升高的温度也只有1℃。但是，在寒冷的天气中，木棒的冷却速度更快。所以，马克·吐温说：“在摩擦的时候，木棒不但不会加热，甚至会变得更冷。”是有一定道理的。

但是，如果我们采取正确的钻木取火的方法，就可以避免这样的情形了。在图79中，竖立的木棒可以旋转，它下端的直径为1厘米，而且钻进下面木板中的深度也是1厘米。钻弓的长度是25厘米，它也是每秒来回拉动一次。假设拉动钻弓的力是2千克，那么在这种情况下，人每秒所做的功也还是$8 \times 0.5 = 4$焦耳，但是木头的受热体积却比刚才小多了，只有$3.14 \times 0.05 = 0.15$立方厘米，质量只有0.075克。所以，从理论上来说，旋转木棒底端的温度升高了$\frac{4}{0.075 \times 2.4} \approx 22℃$。

事实上，木棒底端的温度确实可以升高这么多。在钻的时候，受热的位置并不容易散失热量，而木头的燃点大概是250℃。所以，要想让木棒燃烧起来，只需要一直钻$\frac{250°C}{22°C} \approx 11$秒，就可以了。

研究发现，古代有很多有经验的钻木取火的人，他们只需要几秒的时间，就可以生起火来。从这一点上也可以证明我们的分析是正确的。读者朋友也一定看到过这样的现象：如果大车的车轴没有很好的润滑，非常容易烧坏。其中的缘由与钻木取火是一样的。

弹簧的能消失了吗

当我们把一片钢板弹簧弯曲的时候，我们所做的功会转化为弯曲的弹簧的动能。如果我们再用这个弹簧把一个重物举起来，或者使车轮转动起来……那么，我们就重新得到了刚才所付出的能。能量是不会无缘无

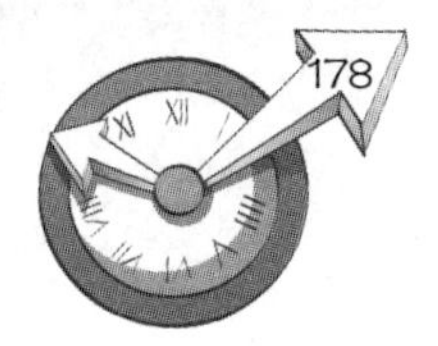

故损失掉的，其中的一部分能量做了可以看见的工作，另一部分则用于克服摩擦阻力了。

如果我们用弯曲的钢板弹簧做这样一个试验：把弹簧放到硫酸中。我们会看到：弹簧被硫酸腐蚀掉，完全消失了。在这个试验中，弹簧的动能到哪里去了呢？难道消失了？这明显不符合能量守恒定律！

事实果真是这样吗？我们为什么认为能量消失了呢？我们只是无法用肉眼看到它的存在罢了。在弹簧被腐蚀掉之前，总会经历一段时间。在这段时间里，弹簧会弹开，从而推动它前面的硫酸，把弹簧的动能变成硫酸的热能，使硫酸的温度升高。当然了，这里的温度并没有升高多少。我们可以分析一下：假设这根弯曲的弹簧的两端距离比它伸直的时候缩短了10厘米，也就是0.1米，而此时弹簧的应力为2千克（弯曲弹簧的力的平均值为1千克），那么弹簧的势能就是：$1\times9.8\times0.01=1$焦耳。

1焦耳的热量是非常少的，只能使硫酸的温度升高一点点，很难表现出来。除此之外，弹簧具有的动能也可能转化为电能或者化学能。如果它变成能够促进钢溶解的化学能，就会使弹簧被腐蚀得更快。相反，则会使弹簧被腐蚀得慢一些。

要想知道在实际情况下，弹簧具有的动能到底是加快了还是减慢了弹簧被腐蚀的进程，需要用实验来证实。

其实，已经有人做了这个实验。

如图80（a）所示，在玻璃缸的底上部放着两根用来固定的玻璃棒，它们之间的距离是0.5厘米。在它们中间夹着一片弯曲的钢板弹簧。在图80（b）中，人们把一根弯曲的弹簧钢板放在玻璃缸的两壁

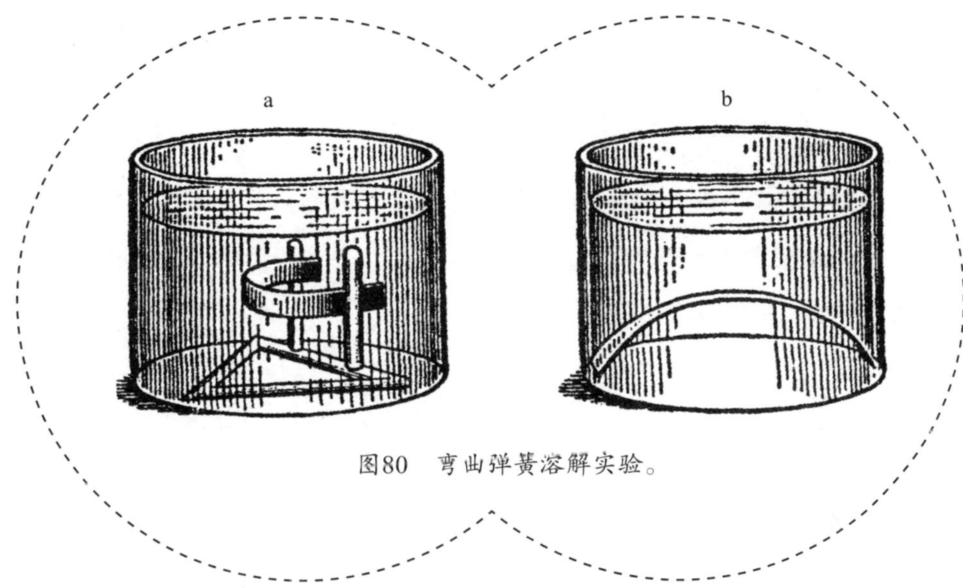

图80　弯曲弹簧溶解实验。

之间。在玻璃缸里倒满硫酸溶液。过一段时间后，钢板会崩断。最后，两个半段钢板会在硫酸里被完全腐蚀掉。从把钢板放到硫酸开始计时，一直到完全被腐蚀掉为止，记录下实验的时间。然后，在其他条件完全相同的情况下，再用没有弯曲的同样的钢板做一次实验。我们会发现，没有弯曲的钢板的溶解时间比弯曲的钢板要短一些。

这个实验说明，没有弯曲的钢板弹簧比弯曲的更耐腐蚀。显而易见，把弹簧弯曲所花的能量，有一部分变成了化学能，有一部分变成了弹簧弹开时的动能（或者叫机械能）。也就是说，一开始作用于弹簧的能量并没有无缘无故地消失。

把上面这个题目延伸一下：

把一束木柴拿到四楼。显然，这束木柴的势能增加

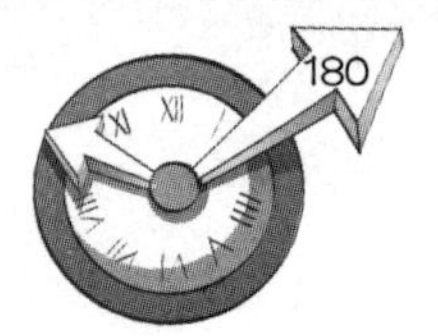

了。那么，当木柴燃烧的时候，刚才多出来的那部分势能去哪儿了？

关于这个问题，并不难回答。我们可以思考一下：木柴在燃烧的时候，会转变成一些产物。在一定的高度上，这些产物所拥有的势能比在地面上的时候要大多了。

Chapter 9
摩擦力与介质阻力

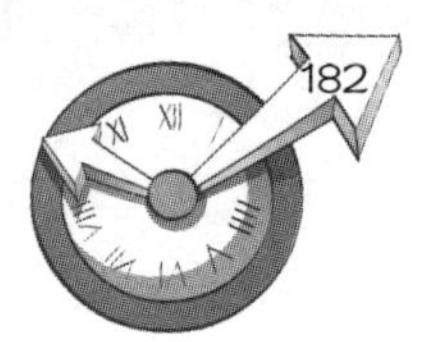

雪橇能滑多远

【题目】一只雪橇从坡度为30°、长度为12米的滑道滑下来，然后沿着水平面继续向前滑行。请问，这只雪橇能滑多远？

【解答】如果忽略不计雪橇跟雪面之间的摩擦力，那么这只雪橇将会一直滑行下去，永远也不会停下来。但是，它们之间是有摩擦力的，虽然摩擦力是很小的。（通常来说，雪橇下面的铁条与雪面之间的摩擦系数为0.02）所以，当雪橇从雪山上滑下来时，它所得到的动能会全部用于克服摩擦力。而当动能消耗完时，它就会停止滑行。

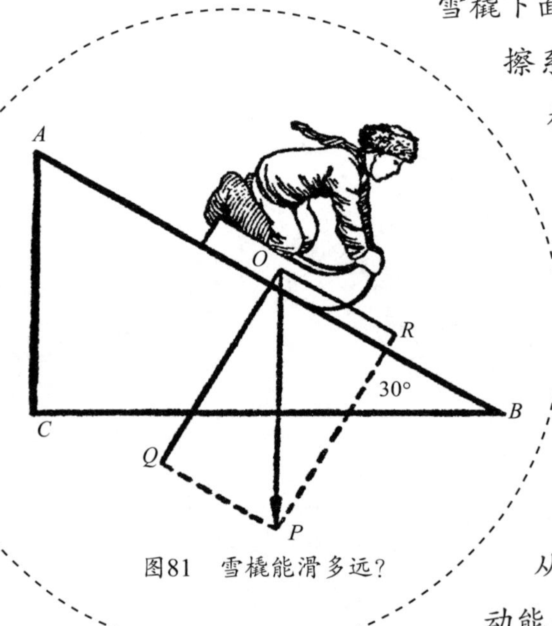

图81　雪橇能滑多远？

要想计算出雪橇在水平方向上滑行的距离，必须先弄清楚它从雪山上滑下来时得到的动能是多大。如图81所示，假设雪橇从高度为AC的地方滑下来。由图可知，AC的长度正好是AB的一半（因为$\angle ABC=30°$），所以$AC=6$米。我们假设雪橇的重力为P，那么当雪橇滑到水平面时，如果不考虑摩擦力，它得到的动能就是$6P$公斤米。至于雪橇的重力P，我们可以把它分解为两个分力：一个是跟AB垂直的力Q，一个是与AB平行的力R。由于摩擦系数是0.02，力Q等于$P\cos 30°$，即$0.87P$，所以克服摩擦力消耗的动能为：

$$0.02\times 0.87P\times 12=0.21P\text{（公斤米）}$$

所以，这只雪橇得到的实际动能为：

$$6P-0.21P=5.79P\text{（公斤米）}$$

根据题意，雪橇滑下来后，将沿着水平方向滑行。假设它一共滑行了x米，那么它克服摩擦力所消耗的功就是$0.02Px$公斤米。于是，我们可以得到方程式：

$$0.02Px=5.79P$$

可得：

$$x\approx 290\text{（米）}$$

也就是说，这只雪橇从雪山上滑下来后，将继续沿着水平方向滑行290米后才会停下来。

关闭发动机后汽车能行驶多远

【题目】一辆汽车在水平公路上行驶，它的速度是72千米／小时。突然，司机把发动机关闭了，如果汽车的运动阻力为2%，这辆汽车能继续向前行驶多远的距离？

【解答】显然，这个题目与前面的题目有些类似。不同的是，这辆汽车的动能需要用其他方式计算。我们知道，汽车的动能是$\frac{mv^2}{2}$。其中，m表示汽车的质量，v表示汽车的行驶速度。假设汽车的动能在x米内全部消耗完毕。也就是说，汽车在行驶了x米后停了下来。根据题意，我们知道，在这段路程上，汽车受到的阻力为汽车重力的2%，假设汽车的重力为P，可得：

$$\frac{mv^2}{2}=0.02Px$$

而重力$P=mg$。其中，g为重力加速度。所以，上面的式子可以变换为：

$$\frac{mv^2}{2}=0.02mgx$$

解方程，距离x为：

$$x=\frac{25v^2}{g}$$

在表达式中，并没有汽车的质量m。可见，关闭发动机后，汽车继续向前行驶的距离与汽车的质量无关。在本题中，汽车的速度v为72千米／小时，也就是20米／秒，取g=9.8米／秒^2。把这两个值代入上面的式子，可以得出这个距离大概是1000米。也就是说，这辆关闭发动机的汽车可以继续向前行驶1000米的距离。实际上，在计算过程中，我们并没有考虑空气阻力，所以得到的结果比较大。如果考虑空气阻力，那么这个结果将会小得多。

马车的车轮为什么不一样大

不知道读者注意过没有，很多马车的前轮都比后轮要小一些，即便在不担负转向任务、不放在马车车体下面的时候，也是这样的。这是为什么呢?

我们不妨把上面的问题变换一下说法：为什么马车的后轮要设计得大一些呢？这是因为如果前轮比较小的话，马车的轴线就会低一些，从而使车辕和挽索存在一定的倾斜度，当马车步行陷入坑洼里的

时候，马就可以很容易地把马车拉出来。如图82所示，在图（a）中，车辕AO是倾斜的，这样就可以把马的拉力OP分成了OQ和OR两个力。其中，OR是向上的力，可以把马车从坑洼之处拉出来；OQ是向前的力，可以拉着马车前进。如果车辕是水平的，它的施力方向就是图82（b）中$A'O'$的样子，那么就不可能会产生一个向上的力，这样就很难把马车从坑洼里面拉出来了。当然，如果道路保养得比较好，而且没有坑洼，也可以采用图82（b）中的车辕，比如，汽车和自行车等，它们的前后轮就是一样大的。

下面，回到题目：为什么后轮不能像前轮那样，做得小一些呢？这是因为，大轮子跟小轮子相比，有一个好处，就是摩擦力小会一些。具体来说就是：一个滚动体受到的摩擦力与自身半径成反比。所以，人们自然尽量把后轮做得大一些了。

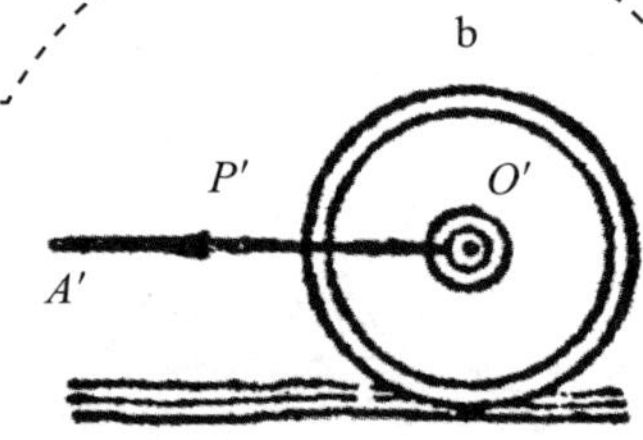

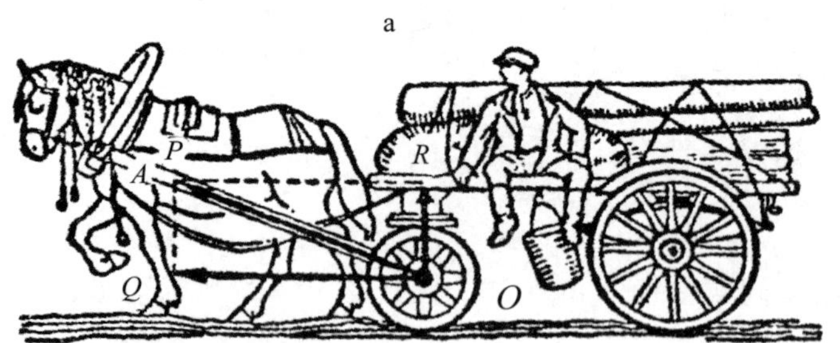

图82　为什么马车的前轮比后轮小？

机车和轮船的能量用在哪儿了

在很多人的常识中，机车和轮船把所有的能量都用在了维持自身的运动上。但在实际情况中，机车只在一开始的$\frac{1}{4}$分钟里将全部的能量用在了维持它自身以及整列火车的运动中，在其他的时间里，这些能量都用来克服摩擦力和空气阻力了。我们知道，给电车供电的是发电厂传输出的电能。同样的道理，这些电能基本上都被用来加热城市上方的空气了（也就是通过摩擦消耗了功，并变成了热能）。如果没有阻力，火车只需要在一开始的几十秒钟中得到一个速度，然后它就可以在惯性的作用下，沿着轨道一直运动下去，不需要任何能量来推动它。

通过前面的分析，我们知道，物体的匀速运动是不需要力的参与的。也就是说，这个过程并不消耗能量。或者说，物体在匀速运动时需要能量只是用来克服阻碍它进行匀速运动的障碍。同样的，轮船上的动力机械也是为了克服水的阻力。通常来说，物体在水中运动受到的阻力比在陆地上运动遇到的阻力大多了。而且，随着速度的增加，物体受到的阻力会很快变大。从理论上说，它跟速度的二次方成正比。水中的运输速度是无法与陆地上相媲美的，就是这个原因。一名优秀的划手可以很容易地把小艇划出6千米／小时的速度，但是，如果

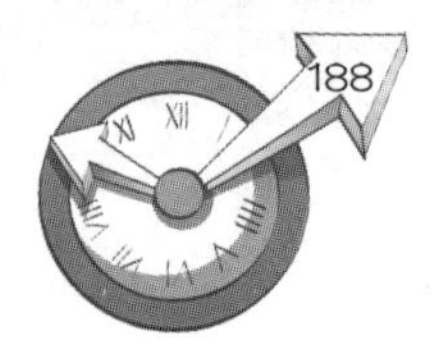

让他把速度再增加1千米／小时，可能就需要他费尽全力才能做到。如果想让一艘轻便的竞赛艇划出20千米／小时的速度，则需要至少8名熟练的划手才行。

如果说水的阻力会随着运动的速度增加而很快变大的话，那么水的携带能力也会随着速度的增加而很快增大。对于这个问题，我们会在后面的章节中深入讨论。

艾里定律与水流中的石块

我们知道，河水总是在运动着，并不断冲刷着河岸。同时，它还会把冲下来的碎块带到河床的其他位置。在水流的作用下，河底的石块会不停翻滚。有时候，这些石块非常大。可见，水的能力是很强大的，但是并不是所有的河流都可以做到这一点。比如，平原上流得很慢的河流，它带起来的可能只是一些很细的沙粒。不过，只要水流的速度稍微变大一些，就可以大幅度提高水流携带石块的能力。要是河水的速度增加到原来的2倍，那它就可以带走一些大的鹅卵石。如图83所示，这是山涧中的急流，它可以带走重达1千克甚至更重的圆石。对于这个现象，我们该如何理解呢？

说到这里，我们要提到一个有趣的力学定律，叫艾里定律。它是这么说的：如果水流的速度增加到原来的n倍，那么水流可以带走的物

图83　山涧中的急流可以带走石块。

体的质量将是原来的n^6倍。

下面，我们就来说明一下，为什么在艾里定律中会出现6次方这一少见的比例关系。

为方便说明，我们假设河底有一块边长为a的立方体石块。如图84所示，石块的侧面S受到了水流压力F的作用。力F想把石块沿轴AB翻转过去。这时，石块的重力P会反作用于它，阻止它沿

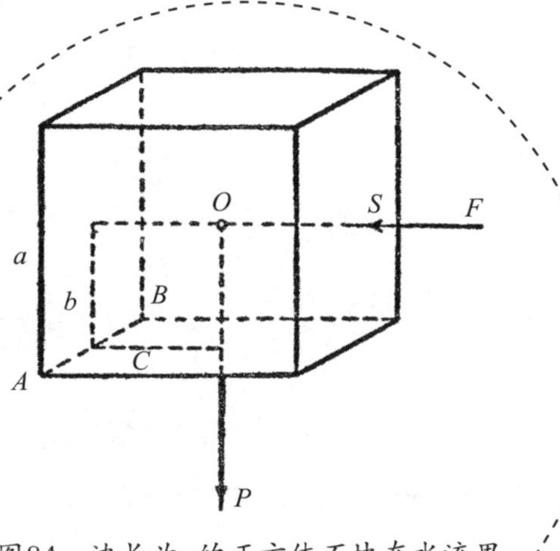

图84　边长为a的正方体石块在水流里受到的作用力示意图。

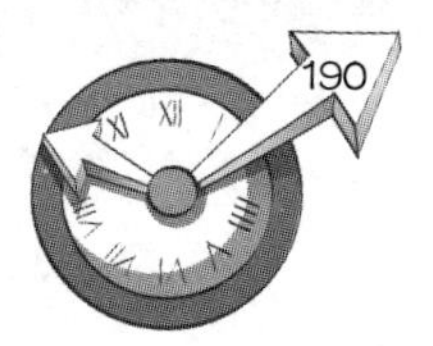

轴AB翻转。根据力学原理，要想保持石块的平衡，力F和力P对轴AB的力矩必须相等。这里的力矩指的是：作用力与它到轴的距离的乘积。所以，对于力F，它的力矩等于Fb，而对于力P，它的力矩等于Pc。而$b=c=\frac{a}{2}$，所以，只有当：$F\times\frac{a}{2}\leqslant P\times\frac{a}{2}$，也就是$F\leqslant P$时，石块才能保持平衡。我们知道，$Ft=mv$，其中，$t$表示力$F$作用的时间，$m$表示在这段时间里作用于石块的水的质量，$v$表示水流的速度。

根据流体动力学，我们可以得到下面的关系：在跟水流方向垂直的平面上，水流对它的压力和这个平面的面积成正比，和水流速度的平方也成正比，即：

$$F=ka^2v^2$$

根据阿基米德原理，我们知道：

$$P=a^3d-a^3=a^3(d-1)$$

那么，前面的那个平衡条件就可以表示为：

$$ka^2v^2\leqslant a^3(d\text{-}1)$$

化简可得：

$$a\geqslant\frac{kv^2}{(d-1)}$$

也就是说，当方石块的边长与水流速度的二次方成比例，并大于这一比例关系时，它才有可能抵抗住水流的冲击。

我们知道方石块的质量与a^3成比例，而$(v^2)^3=v^6$，所以水流可以带走的方石块的质量跟水流速度的6次方成比例。

这就是艾里定律中的比例关系。在上面的分析中，我们只是以立方体石块为例进行了证明。通过证明，我们知道：对于任意形状的物体，这个定律都是适用的。

关于艾里定律，我们可以举个例子来计算一下。假设有3条河流：第一条的水流速度是第二条的一半，第二条的水流速度又是第三条的一半。也就是说，它们的水流速度是1∶2∶4的关系。根据艾里定律，这3条河流可以带走的石块的质量应该有下面的比例关系：

$$1:2^6:4^6=1:64:4096$$

所以，如果第一条平静的河流可以带走重$\frac{1}{4}$克的沙粒，那么第二条水流速度是它2倍的河流就可以带走重16克的石子，而第三条水流速度是第一条4倍的河流就可以带走上千克重的大石块。

雨滴的下落速度

下雨的时候，雨滴在行驶的火车或者汽车玻璃上会形成一些斜线，这说明了一个非常有趣的现象。雨滴的这个现象一共包含了两种运动方式，它们根据平行四边形规则进行了加合。换句话说，雨滴在落下的同时

也会参与到火车或者汽车的运动中。如图85所示，这两个运动的合成是直线运动。

图85　车窗上的雨滴的运动轨迹。

但是，如果火车的运动是匀速运动，根据力学知识，我们知道，雨滴也应该是匀速下落的。这个结论似乎不符合我们的“常识”，下落的物体怎么可能进行匀速运动呢？简直太不可思议、太荒谬了。但是，雨滴在玻璃上的流动轨迹明明是斜直线呀，根据力学原理，如果雨滴是加速下落的，那么玻璃上的雨滴应该沿曲线运动才对呀！

其实，雨滴在下落的过程中，并不像我们原来以为的那样，是加速下落的，而是匀速下落的。这时，雨水受到的空气阻力的影响正好平衡掉了产生加速度的自身质量。如果不是这样，没有空气阻力影响雨滴的下落，那么对于我们来说，造成的后果可能会非常严重。形成雨的云通常聚集在1000米~2000米的高空，如果雨滴在下落时没有受到任何阻力的影响，那么当它从高空落下来，到达地面它的速度将会达到：

$$v=\sqrt{2gh}=\sqrt{2\times 9.8\times 2000}\approx 200\text{（米/秒）}$$

这个速度跟手枪射出的子弹的速度差不多。虽然雨滴是由水分子组成的，它的动能只有子弹的1/10，但是速度这么大的雨水“扫射”到人身上，还是会感到非常痛。

那么，雨滴落到地面时的速度到底是多少呢？下面，我们就来研究一下这个问题。首先，我们来说明一下，下落的雨滴为什么会进行匀速运动。

任何物体从空中下落都会受到空气阻力的影响。但是，在整个过程中，空气阻力是不断变化的，随着下落速度的增加，阻力也会增加。当雨滴刚开始下落时，它的速度很小，受到的阻力也可以忽略不计。但是，随着下落，它的速度会增加。这时，空气阻力就不能忽略不计了。在这段时间里，雨滴仍然是加速下落的，但是它的加速度会比自由落体时小一些，然后，随着下落，它的加速度会慢慢变小，最后减小到0。从这个时候开始，加速度消失了雨滴将进行匀速运动。因为速度不再变化，所以，雨滴受到的阻力也会保持不变，它会一直保持匀速下落，既不会减速，也不会加速。

物体在空气里下落时，会从某个时刻开始，进行匀速运动。由于雨滴非常小，这个时刻来得比重一些的物体要早。通过实验，我们测量了雨滴下落时最终的速度：如果是0.03毫克的雨滴，它最终的速度是1.7米/秒；如果是20毫克的雨滴，这个速度是7米/秒；如果是200毫克的雨滴，这个速度也不过只有8米/秒（这是实验中所发现的最大速度）。

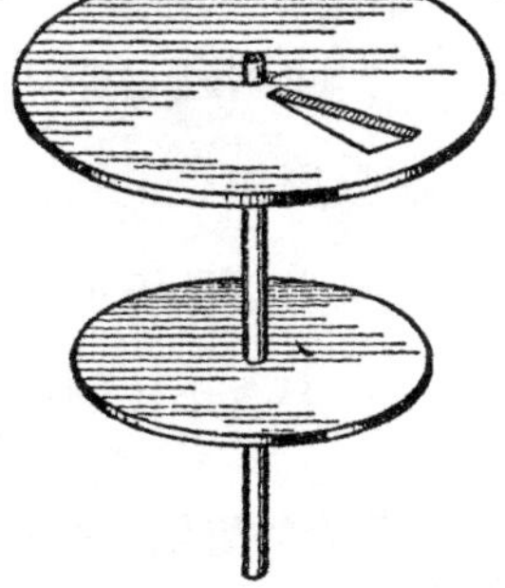

图86　用来测量雨滴速度的仪器。

在进行这个实验的时候，我们用了非常巧妙的方法。图86中的仪器就用来测量雨

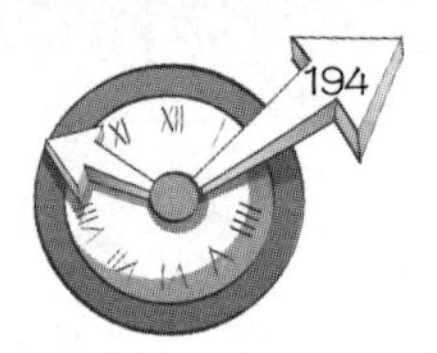

滴的。它由两个圆盘上下平行地装在一根竖直的轴上。在上面的圆盘上，我们开了一条狭小的扇形缝。然后，我们把这个仪器用雨伞遮住，放到雨中在让它快速旋转后，我们把伞拿开。这时，通过狭缝的雨滴就会落到下面圆盘的吸墨纸上。当雨滴从上面的狭缝中下落时，由于两个圆盘转出了一定的角度，所以雨滴下落到圆盘上的位置并不是上面那条狭缝的正下方，而是错后了一些。比如，如果雨滴落在下面那个圆盘的位置落后了圆周长的$\frac{1}{20}$，圆盘的转速为20转／分钟，两个圆盘之间的高度差是40厘米，我们就可以求出雨滴下落的速度。

已知两个圆盘之间的距离是0.4米，雨滴走过这段距离所花的时间，正好是转速为20转／分钟的圆盘转一周所花时间的$\frac{1}{20}$，这段时间是：

$\frac{1}{20} \div \frac{20}{60} = 0.15$秒。

也就是说，在0.15秒里，雨滴下落的高度是0.4米，所以它的速度就是：$\frac{0.4}{0.15} = 2.6$米／秒。

如果想测量枪弹射出的速度，也可以使用这个方法。

回到题目中，我们应如何测算雨滴的质量？其实，可以根据雨滴在吸墨纸上的湿迹大小计算出来。不过，我们需要事先测量一下每平方厘米吸墨纸上一共可以吸收多少毫克的水。

下面，我们再来看一下雨滴下落的速度与质量的关系：

雨滴的重量（毫克）	0.03	0.05	0.07	0.1	0.25	3.0	12.4	20
半径（毫米）	0.2	0.23	0.26	0.29	0.39	0.9	1.4	1.7
下落的速度（米／秒）	1.7	2	2.3	2.6	3.3	5.6	6.9	7.1

我们都有过深切的体会，下雹子时，雹子打到人身上非常痛，这是因为它下落的速度比雨滴大多了。为什么雹子的速度会那么大呢？因为它的颗粒比较大。即便如此，雹子在下落的时候也是匀速的。

不仅雹子是这样的，就连从飞机上投下来的榴霰弹，它在到达地面的时候，也是匀速下落的。而且，它落到地面的速度非常慢。所以，它本身几乎不会造成任何伤害，甚至连软毡帽也击不穿。但是，从同样高度落下的铁箭却非常可怕，它完全可以把人体刺穿。这是因为，对于铁箭来说，它每平方厘米截面积上的平均质量比榴霰弹大多了。炮手通常把这一现象的原因归结为箭的“截面负载”比子弹大，所以它更容易克服空气阻力。

重的物体下落得快吗

物体下落是一种常见的现象，但对我们来说，这也是一个非常好的研究力学的例子，它可以帮助我们看到一些“常识”跟科学的巨大分歧。对于不懂力学的人来说，他们可能认为重的物体比轻的物体下落得更快。就连亚里士多德也曾经这么认为。虽然对这个问题的观点在很长一段时间里曾经有过分歧，但是一直到17世纪，它才被伽利略真正地驳斥。不得不说，伽利略是一位伟大的自然科学家，他不仅致力于物理

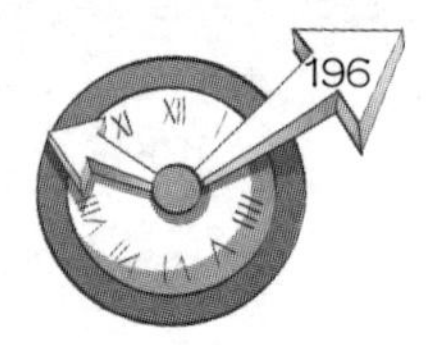

学知识的普及，还教给了我们思想方法。他指出：

> 根本不用做实验，只需要用非常简单的推论，就可以证明，那些认为较重的物体比同种物质构成的较轻的物体下落得快，这种说法是错误的……
>
> 假设两个下落的物体的自然速度不同，我们不妨把速度较快的物体和速度慢一些的物体连接到一起。那么，很显然，对于刚才速度快的物体来说，它的速度将被另一个阻滞、变慢；而另一个物体的速度会变快。但是，如果这是真的不妨再假设在开始的时候，大物体的速度是8，而小物体是4，那么当它们连接到一起后，得到的速度应该比8小。但是，当这两个物体连在一起后，它们的质量明显比两个物体中任何一个物体都大。这样的话，我们就得出了这样的推论：较重的物体的下落速度比较轻的物体还要小。显然，这跟前面的假设是矛盾的。所以，根据较重的物体下落得比较轻的物体快的说法，我们就可以得出这样的结论：较重的物体下落得更慢。

现在，我们已经知道：在真空中，一切物体下落的速度都是相同的，而在空气中，物体下落的速度之所以不同，是因为空气阻力的影响。空气对运动物体的阻力，只与物体的尺寸和形状有关。这样的话，可能有的读者会问：既然如此，如果两个物体的大小和形状都相同，但是质量不同，它们下落的速度是不是应该相同？在真空中，它们的速度是相等的，在空气阻力的影响下，它们减小的速度也应该相等。比如，同样直径的铁球和木球，它们下落的速度应该相等。很明显，这个推论与实际情况是不一致的。

那么，对于这个错误的推论，该如何解释呢?

在Chapter 1中，我们讲到了“风洞实验”。这里，也可以用其进行分析。假设有一个竖立的风洞。我们把同样尺寸的木球和铁球挂在风洞里面，从下端吹来空气流，作用于它们身上。也就是说，在风洞中，我们把要研究的现象由“下落”变成了“吹起”。那么，这时候，哪个球会先被空气流吹走呢?很明显，虽然作用于这两个球的力量是相等的，但是这两个球得到的加速度是不同的。木球得到的加速度会更大一些。关于这一点，可以通过公式$F = ma$得出。如果把这个现象进行还原，就应该是木球在下落的时候落在了铁球的后面。换句话说，在空气中，铁球比同体积的木球下落得更快一些。

再看一个例子。你是否玩过从山顶上向下扔石头的游戏?在扔石头的时候，你可能没有注意一个现象：大石头要比小石头飞得远一些。这个现象解释起来也很简单：在飞行途中，大石头和小石头受到的阻力是差不多的，但是大石头的动能比较大，所以它比较容易克服阻力。

科学家在计算人造地球卫星的寿命时，会特别注意截面负载的大小。通过前面的分析，我们知道：在环绕地球飞行的时候，人造卫星横截面上每平方厘米的质量越大，它就能在轨道上维持得越久。在其他条件相同的情况下，空气阻力对它的运动的影响也会比较小。

在进入轨道以后，人造地球卫星通常会脱离运载火箭的最后一级。这时候，运载火箭的最后一级会跟人造卫星一样，围绕地球运

行。需要注意的是，在离开运载火箭以后，虽然最初的轨道基本上是完全一样的，但装有各种仪器的容器围绕地球旋转的时间会比运载火箭的最后一级久一些。这是因为，这时候，一级火箭的燃料已经用完，它里面是空的，跟装满各种科学仪器的人造卫星相比，它的截面负载要小得多。

飞行中的人造卫星的截面负载也不是固定不变的。这是因为，在飞行过程中，它会毫无规则地“翻筋斗”，跟运动方向垂直的横截面的面积会不断变化。但是，如果卫星是球形的，它的截面负载就是固定的。所以，我们还可以通过观测卫星的运动来研究高空中的大气密度。

顺流而下的木筏

如果我说“对于在河面上顺流而下的物体和在空气中下落的物体而言，它们的情形是相近的”，可能会有很多人感到出乎意料。通常，大家都认为，如果小船没有帆，也没有人划，它就会以水流的速度向下游流去。但是，这种观点是错误的。其实，小船的速度会比水流快一些。而且，小船越重，它运动的速度就越快。对于这一事实，那些有经验的木筏工人最有发言权。但是，对于很多初学物理的人来说，他们却并不一定知道这一点。就连我自己，也是在不久之前才明白了其中的道理。

下面，我们就来研究一下这个奇怪的现象。初看起来，这个现象让人很难理解。小船顺流而下的时候，怎么可能比浮载它的水的速度还要快？我们需要注意，河水载运小船的情况与运输货物的情况是不一样的。一般来说，水面都有一定的倾斜度，这样河水才会流动起来。也就是说，物体是在一个倾斜面上向下加速滑动的。而河里的水会跟河床有一定的摩擦，河水做的是匀速运动。显然，小船在河里自由滑行的时候，总有某个时刻，它的加速会超过河水的流速。然后，河水会对小船产生反向的制动作用，就像空气阻力会影响自由下落的物体一样。小船最后会得到一个速度。在以后的运动中，它都是以这个速度进行的，再也不会增加。如果物体的质量很轻，那么最终的速度就会来得早一些，而且，物体的速度也比较小。反之，如果物体比较重，它在水里得到的最终速度会大一些。

所以，从小船上垂下来的桨，肯定会落在小船的后面，因为桨比小船轻多了。但是，小船和桨都要比水流运动得快一些。如果是在急流中，这种现象会非常明显。

为了让读者对此有更深刻的认识，我们在这里引述一位旅行家的经历：

> 有一次，我到阿尔泰山区旅行。在比雅河上，我们乘坐木筏，从这条河的发源地，也就是捷列茨科耶湖，顺流而下，直到比斯克城。这段路程一共花了5天的时间。在出发之前，有人提出，木筏上乘坐的人太多了。
>
> “没关系，”老木筏工人说，“这样速度会更快。”

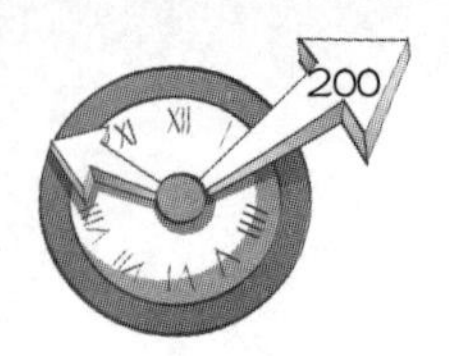

“怎么可能？我们顺流而下，应该跟水流的速度一样呀！”

“不是的，木筏的流速比水流快多了，而且木筏越重跑得越快。”

一开始，我们以为老木筏工人在跟我们开玩笑。我们出发后，老木筏工人把一些木片丢到了河里。我们很快就发现，木片被我们甩在了后面。

不得不说，老木筏工人通过实践得出的真理在这里得到了证明，而且是显而易见的证明。

当我们漂流了一段时间后，陷入了一个旋涡。打了很多转后，我们才从旋涡里出来。开始打转的时候，木筏上面的一柄木槌掉到了水中，我们本想捞起它，但是它很快就漂走了。

“没关系，”老木筏工人说，“等咱们出了旋涡，很快就能追上，我们比它重多了。”

虽然我们在旋涡中纠缠了很长时间，但是老木筏工人的预言却真的实现了。

当漂到另一个地方时，我们遇到了一排木筏。它们一开始是漂在我们前面的，但是由于木筏很轻，上面没有乘客，不一会儿的工夫，我们就超过了它们。

舵的操作原理

我们都知道，一具非常小的舵，也可以操纵一艘大船的运动。这是为什么呢？

如图87所示，在发动机的作用之下，这艘船沿着箭头的方向运动。在研究船体和水的相对运动时，我们通常把船只看作固定不动的物体，而认为水流正在进行与船只行进方向相反的移动。从图中可以看出，水有一个作用力P压到了舵A上。在P的作用下，船会围绕着重心C转动。船只与水的相对速度越大，舵就会越灵敏。如果船只与水的相对速度为零（也就是说，它们相对静止），这只舵就无法使船移动起来了。

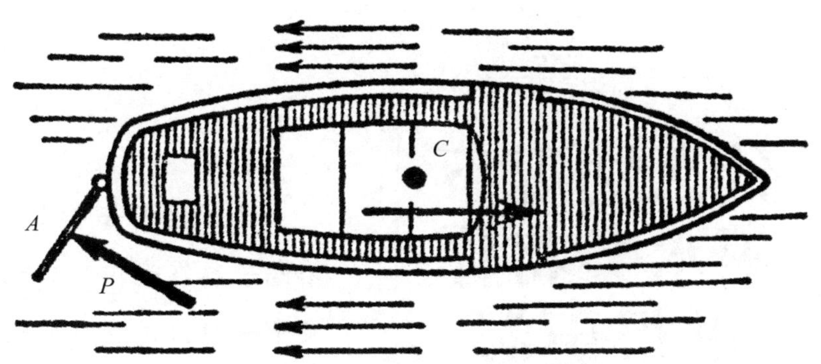

图87　有发动机的船，舵要装在船尾。

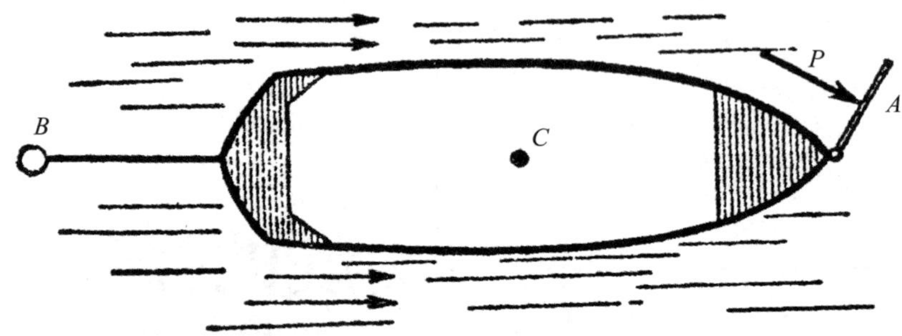

图88　如果船的行驶速度比水流速度小，舵要装在船头。

曾经有人想到了一个操纵大平底船的方法，这个方法非常巧妙。如图88所示，图中的船并没有动力，它沿着河顺流漂浮。它的舵装在船头。当船要转弯时，划船的人就在船尾的一条长索上系上重物，然后把它丢到河底，让它拖在船的后面。这样，就可以操作这艘大船了。为什么会这样呢？原因很简单，平底船的运动速度要比水慢一些，所以水与船的相对运动方向跟船的运动方向是相同的，水对舵产生的作用力与船上装有发动机、船比水运动得快的情形正好相反。因此，这种船的舵必须装在船头，而不能装在船尾，这样才能操作大船。

什么情况下雨水会将你淋得更湿

【题目】如果你戴着一顶帽子站在雨中，当雨水竖直下落时，是在你站着不动时，还是在雨中走时，你的帽子会被淋得更湿？

初看起来，这个题目好像无从下手。但是，如果我们换一种说法，你可能就会觉得很容易解答了：下雨的时候，是每秒钟落到固定不动的车顶上的雨水多，还是落在行驶着的车顶上的雨水多？

当我向一些研究力学的人提出这个问题时，我得到了各式各样的答案。有些人觉得，在雨里安静地站着时，帽子会湿得少一些；也有些人认为，在雨中快跑的时候，帽子会湿得少一些。那么，究竟谁说的对呢？

【**解答**】我们对这个题目的第二种问法进行分析。

如图89所示，当汽车停止行驶时，每秒钟落到车顶的雨水就相当于一个直棱柱形的水柱。这个棱柱以车顶为底，以雨滴落下的速度V为高。

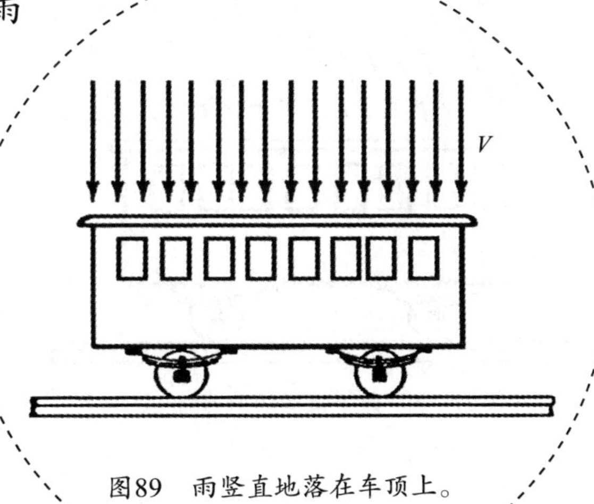

图89 雨竖直地落在车顶上。

但是，如果是在行驶着的车顶上，情况就复杂多了。我们不妨这么想：当汽车以速度C在路上行驶时，我们可以把汽车看作固定不动的物体，而路正在以速度C向相反的方向运动。那么，垂直路面下落的雨滴，相对于"固定不动"的汽车来说，一共进行了两种运动：一种是以速度V竖直下落，一种是以速度C水平运动。

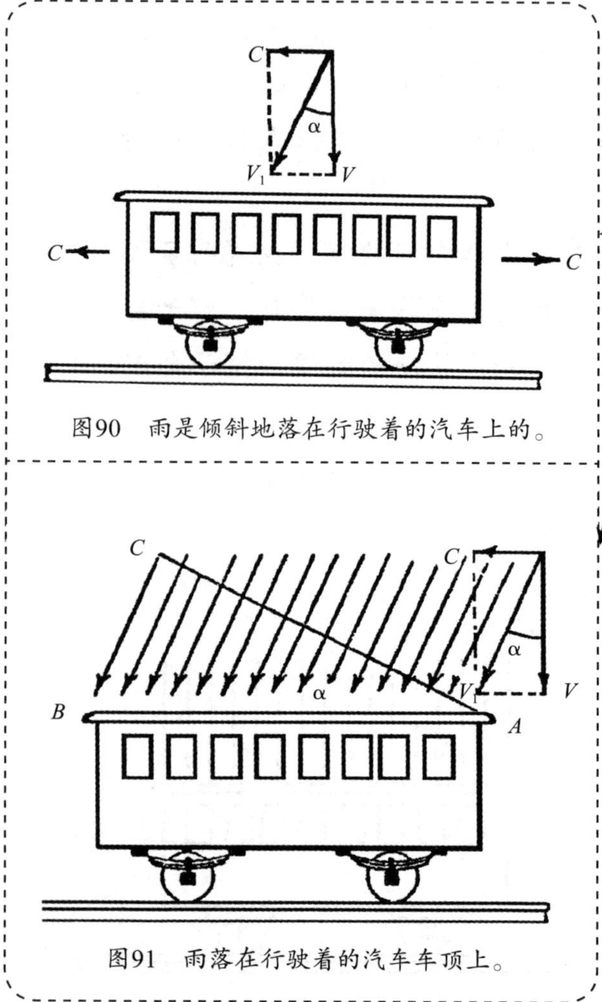

图90　雨是倾斜地落在行驶着的汽车上的。

图91　雨落在行驶着的汽车车顶上。

雨滴的合成速度V_1的方向是倾斜于车顶的。也就是说，对于“固定不动”的车顶来说，雨下落的方向将如图90所示那样，是倾斜的。

如图91所示，我们可以得出这样的结论，每秒钟里落到行驶着的车顶上的雨水总量是一个倾斜的棱柱体。从图中可以看出，这个倾斜的棱柱体也是以车顶为底的。它的侧棱跟竖直线之间的夹角为α，而侧棱的长度为V_1，所以这个倾斜的棱柱体的高为：

$$V=V_1\cos\alpha$$

在前面的分析中，我们一共提到了两个棱柱体，一个是直棱柱体，一个是斜棱柱体。虽然它们的形状有差别，但是它们的底和高都是相等的，所以它们的体积也是相等的。也就是说，在这两种情况下，总的雨水量是相等的。所以，我们说，不管是在雨中你是站立不动的，还是快速奔跑着的，你的帽子被淋湿的程度没有任何差别。

Chapter 10
自然界中的力学

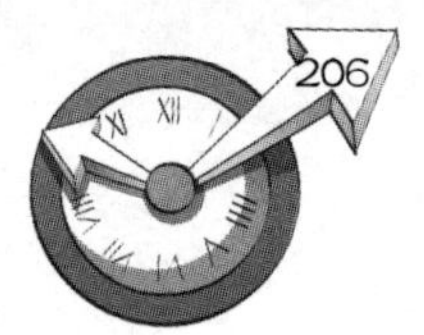

“格列佛”与“大人国”

读过《格列佛游记》的朋友一定记得故事里面的大人国。那里的巨人身高是我们普通人的12倍。有的人可能会想：既然如此，那他们的力量岂不是也是普通人的12倍。而且，在这部游记中，作者斯威夫特也把巨人描述得非常强壮有力。但是，如果从力学的角度分析，这种看法是不科学的。通过下面的分析，我们就可以看出，实际上，巨人的体力不仅不是普通人的12倍，而且比普通人还要弱很多。

我们不妨拿格列佛和巨人进行一下对比。当两个人同时向上举起右手时——假设格列佛手臂的重力是p，巨人手臂的重力是P；格列佛手臂重心的高度为h，巨人手臂重心的高度为H——那么格列佛做的功就是ph，巨人做的功就是PH。下面，我们就来看一看两个功的关系。

巨人和格列佛的手臂重力之比应该等于它们的体积之比，也就$\left(\frac{H}{h}\right)^3$，由于$\frac{H}{h}$=12，我们可以得到下面的关系：

$$\begin{cases} p=12^3\times p \\ H=12\times h \end{cases}$$

可得：

$$PH=12^4 \times ph$$

也就是说，如果两个人都把手臂向上举起来，那么巨人做的功应该是普通人的12^4倍。巨人真的拥有这样的能力吗？对于这个问题，需要考察一下他们的肌肉力量对比关系。首先，我们引述一段生理学教程中的文字：

> 对于平行纤维的肌肉，举重能够达到的高度与肌肉纤维的长度有关，而能够举起的质量与纤维的数目有关。这是因为，质量分布于各条纤维之上。如果两条肌肉的质地相同、长度相同，那么截面积越大的肌肉所做的功就越大。如果两条肌肉的截面积相等，那么长度越长的肌肉，它所做的功就越大。如果两条肌肉的长度和截面积都不同，那么体积越大，它所做的功就越大。

这段话可以帮助我们分析巨人和格列佛做功的能力。我们可以很容易地得出下面的结论：巨人做功的能力是格列佛的12^3倍。其实，这就是他们肌肉体积的比例关系。

如果用w表示格列佛的做功能力，用W表示巨人的做功能力，那么，它们的关系就是：

$$W=12^3 w$$

也就是说，巨人和格列佛举起手臂的时候，巨人所做的功是格列佛的12^4倍，而巨人的做功能力只有格列佛的12^3倍。那么，巨人举起

手臂的时候比格列佛要困难12倍。换句话说，与格列佛比起来，巨人相对弱了12倍。所以，如果要战胜一个巨人，并不需要一支1728（也就是12^3）人的军队，只需要144人就够了。

如果威斯夫特想使自己笔下的巨人跟普通人一样自由运动，那么巨人的肌肉就应该等于按比例算出的肌肉体积的12倍。也就是说，巨人的肌肉应该等于按比例算出的肌肉截面积的$\sqrt{12}$（约等于$3\frac{1}{2}$）倍。如果巨人的肌肉真的这么粗的话，他们的骨骼也应该相应地变粗。作者可能没有想到，他笔下的巨人远不如自己描写得那么灵活，而且他们的质量和笨重程度跟河马差不多。

河马为什么笨重

我们都知道，河马总是一副很笨重的样子。其实，它的笨重和庞大的身躯都可以从前面一节中找到解释。在自然界中，不存在身躯庞大又非常灵敏的生物。我们不妨把河马和旅鼠进行一下对比。一般来说，河马的身长在4米左右，而旅鼠的身长只有15厘米。它们的外形基本上相似。但是，我们知道，对于几何形状相似但尺寸不同的生物来说，它们的行动能力是不同的。

我们假设这两种动物的几何形状相似。通过计算，我们很容易可以得出，河马的肌肉做功能力与旅鼠的肌肉做功能力之比为：

$$\frac{15}{400} \approx \frac{1}{27}$$

如果想让河马也像旅鼠那样灵敏，那么它的肌肉体积就必须等于当前的27倍。换句话说，它的肌肉的截面积（粗细）应该增加到当前的 $\sqrt{27}$ 倍，也就是大概5.2倍。支持这么粗的肌肉的骨头，也应该按比例加粗这么多倍。通过分析，我们可以理解为什么河马那么笨重、臃肿，并且骨骼那么粗大了。在图92中，我

哺乳类	骨骼占比（%）
地鼠	8
家鼠	8.5
家兔	9
猫	11.5
狗	14
人	18
哺乳类	**骨骼占比（%）**
戴菊鸟	7
家鸡	12
鹅	13.5

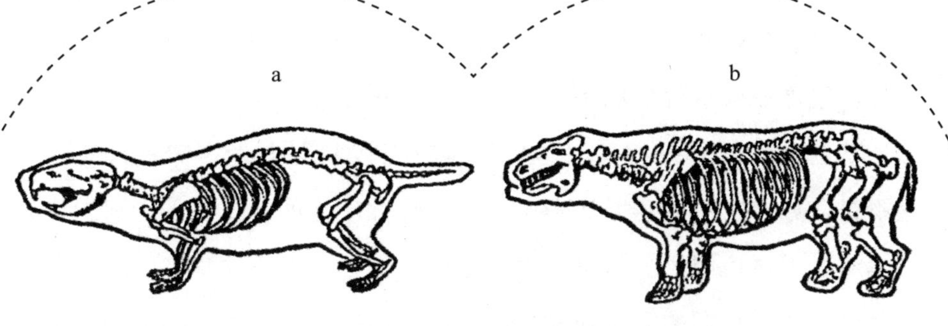

图92　将河马的骨骼（b）与旅鼠的骨骼（a）进行比较。图中，我们将河马的骨头长度缩小到了旅鼠的尺寸，可以发现河马骨头不成比例的粗大。

们画出了同样尺寸的河马和旅鼠的骨骼和外形。从图中，我们可以清晰地看出它们骨头的对比关系。在上面的表中，我们列出了一些生物的骨骼占自身质量的百分比。我们可以看出，身躯越庞大的生物，它们的骨骼所占的体重比重也越大。

陆生动物的身体结构

陆生动物的身体结构有很多特点，它们都可以从力学的基础定律中找到解释。实际上，这条定律是：动物四肢的工作能力与身长的三次方成正比；用来控制它们四肢所消耗的功与身长的四次方成正比。所以，动物的身躯越大，它们的脚、翼、触角等肢体就会越短。在所有的陆生动物中，身躯越小的动物，四肢越长。比如，我们都非常熟悉的盲蜘蛛，就是一个很好的例子。如果动物的身体尺寸非常小，那么它们的形状就会跟盲蜘蛛相似。这些现象都可以利用力学定律进行解释。不过，如果它们的身躯达到了一定的尺寸（比如，狐狸），那它们的体形就不再相似了。这是因为，它们的脚会支撑不住身体的体重，而且这会使得它们的行动非常不便。但是，在海洋里面，动物的体重可以通过水的排斥作用进行平衡，所以它们的形状也可能长成盲蜘蛛那样的形状，比如，深水螃蟹，它的身长只有半米左右，但是脚都长达3米。

在各种动物的发育过程中，也时刻体现着这个定律的作用。从比例上来说，成年的动物的四肢，总是比它初生的时候短一些。也就是说，动物身体的发育超过了四肢。这样有助于动物建立肌肉与运动所需要的功之间的对应关系。

巨兽灭绝的必然命运

现在我们知道了，动物的尺寸是有极限的，这些都可以通过力学定律来解释。要想增加动物的绝对力量，必须使它的身躯长得足够大。但是这样的话，又会降低它的灵活性，或者使肌肉与骨骼的比例不对称。这两种情况都可能使动物丧失寻找食物的本能。这是因为，如果它们的身躯非常庞大，那么它们所需要的食物也会增多。同时，由于它身体的灵活性降低了，它们得到食物的可能性也会随之降低。如果动物的大小达到了某个值，它所需要的食物就会超出它的能力范围，这势必会造成它们灭亡。这一点，可以从一些灭亡的古代巨型生物中找到例证。现在，仍然存活于世上的巨型生物已经非常稀少了。如图93所示，这是曾经生活在地球上的一种巨大生物——恐龙，它们的生存能力非常的低。这些巨大的生物之所以会灭亡，很重要的原因就是前面提到的那个定律。不过，这些巨大的生物并不包括鲸鱼，因为它是生活在水里面的，所以它的体重会被水的压力作用平衡掉，这时，前面

图93　将远古时代的巨兽放到现代化都市的街道上。

的定律就不适用了。

这样的话，我们可能又会产生这样的疑问：如果巨大的尺寸对动物的生存如此不利，那动物为什么不进化得越来越小呢？这是因为虽然巨大的生物比微小的生物在比例上弱一些，但从“绝对值”上来看，巨大的生物还是比微小的生物要强有力多了。我们再以《格列佛游记》中的巨人为例。在前面的分析中，我们知道，虽然巨人向上举起手臂的时候比普通人困难12倍，但是他们可以举起的质量是普通人的1728倍。如果用12除这个质量，我们可以得出巨人的肌肉可以支持的质量。显然，这个质量差不多是普通人体重的144倍。所以，如果两个动物进行打斗，大一些的动物还是有很大优势的。不过，虽然身躯巨大的生物在打斗中占据优势，但是在寻找食物等方面，却可能陷入绝境。

人和跳蚤哪个跳跃能力强

一只身长只有几毫米的跳蚤，跳起来的高度为40厘米，比它身长的100倍还要多。对于这一点，很多人都觉得不可思议，并惊叹于跳蚤的跳跃能力。于是，就有人说：我们人类应该也能够跳到$1.7\times100=170$米的高度呀，如图94所示。

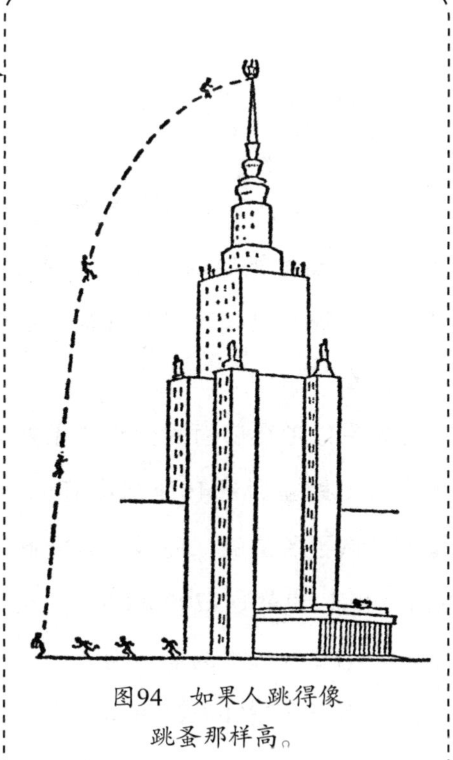

图94　如果人跳得像跳蚤那样高。

为什么我们做不到这一点呢？从力学的角度分析，我们可以帮助自己找到原因。为方便讨论，我们假设人的身体和跳蚤具有相似的几何形状。如果跳蚤的重力为p，它跳到的高度是h，那么它跳起来的时候所做的功就是ph。如果用P表示人的重力，H表示人的跳跃高度（重心升高的高度），人跳起来的时候做的功就是PH。一般来说，我们的身长大

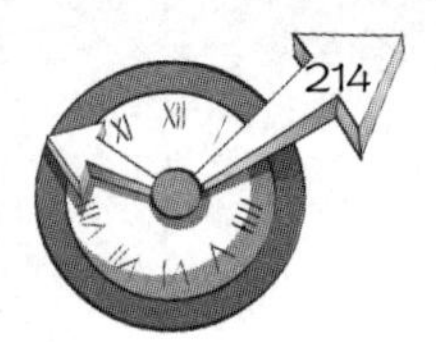

概是跳蚤的300倍，我们的重力就是300^3p，我们跳起来所做的功就是300^3pH。这个值与跳蚤所做的功的关系是：

$$\frac{300^3pH}{ph}=300^3\frac{H}{h}$$

也就是说，在做功的能力上，我们是跳蚤的300^3倍。所以，我们只要能使出跳蚤的300^3倍的能力就可以了。那么，人真的能做出这么大的功来吗？已知：

$$\frac{\text{人做的功}}{\text{跳蚤做的功}}=300^3$$

把前面的表达式代入，可得：

$$300^3\frac{H}{h}=300^3$$

可得：

$$H=h$$

所以，从跳跃能力上来说，只要人能够使自己的重心升高到和跳蚤跳起的高度相等的距离，也就是40厘米，就可以与它媲美了。显然，我们很容易就可以跳到这个高度。所以，在这一点上，我们并不比跳蚤差。

如果你觉得前面的分析并不能说明什么问题，那么请注意这样一个事实：跳蚤跳起40厘米高度的时候，对于它来说，它提升起来的重力是微不足道的，而我们在跳起这么高的时候，提升起来的重力是它的300^3，也就是27000000倍。换句话说，如果2700万只跳蚤一起跳跃，它们提升起来的总重力才跟一个人差不多。所以，一个人跳跃的时候，相当于2700万只跳蚤组成的大军一起进行跳跃。这样再进行比较的话，就可以说：人比跳蚤厉害多了，因为人可以跳起的高度比40

厘米大多了。

综上所述，读者应该已经理解，为什么尺寸越小的动物，它们相对的跳跃高度越大。如果我们将相同跳跃机能的各种动物与它们的身体大小进行比较，就可以得到下面的结果：

- 老鼠跳起的高度是身长的5倍。
- 跳鼠跳起的高度是身长的15倍。
- 蚱蜢跳起的高度是身长的30倍。

大鸟与小鸟，哪个更能飞

如果想准确地比较各种动物的飞行能力，我们需要注意一点：翅膀扑打是为了克服空气的阻力。如果翅膀的运动速度相等，那么克服空气阻力的能力就只跟翅膀的面积大小有关系。对于不同尺寸的动物来说，翅膀的面积与它的身长的二次方成比例关系；翅膀所能支撑起的动物的体重与它的身长的三次方成比例关系。所以，随着动物尺寸的增大，它翅膀上每平方厘米面积的负载也会成比例增加。《格列佛游记》中的巨人国，巨鹰翅膀上每平方厘米面积所承受的负载，是普通鹰的12倍。如果将它们与小人国里只能够承受普通鹰的$\frac{1}{12}$负载的鹰比较，它

昆虫类	
蜻蜓（0.9）	0.04克
蚕蛾（2）	0.1克
鸟　类	
岸燕（20）	0.14克
鹰（260）	0.38克
鹫（5000）	0.63克

们就显得非常低能了。

还是回到我们常见的普通的飞行动物吧！在左表中，我们列出了几种飞行动物翅膀上每平方厘米面积所承受的负载（括弧中的数字表示动物的体重，单位是克）。

从上表中，我们可以看出：体重越大的飞行动物，它们翅膀上每平方厘米面积所能承受的负载也越大。所以，对于鸟类来说，它们的身体有一个极限值，一旦超过了这个极限，它们的翅膀就无法维持自身的体重了。所以，在远古时代，曾经有一些失去了飞行能力的巨大的鸟，出现这种现象并不是没有道理的。如图95所示，这些都是已经灭绝了的鸟类世界中的巨人，它们分别是一人高的食火鸡、2.5米高的鸵鸟，以及身长更长的、曾经出现在马达加斯加的5米长的隆鸟，它们都失去了飞行能力，这也使得它们的身材变得越来越大。

图95　鸡、鸵鸟和隆鸟。

什么动物从高处落下时，不会受伤

昆虫类动物从高处落下来时，身体不会受到任何损伤。但是，如果我们人类从那么高的地方跳下来，可能就不仅是受伤那么简单了。在被其他动物追逐的时候，昆虫经常从很高的树上跳下来，并毫无损伤地落到地面上，这到底是什么原因呢?

原因很简单，如果物体的体积比较小，那么它们在碰到障碍时，整个身体就可以马上停止运动，这样就不会发生身体的一部分压到另一部分的情形了。

但是，如果是体型巨大的物体，它们从高处落下时，就是另一种情形了。如果碰到障碍物，接触到障碍的那部分就会停止运动，而身体的其他部分却仍然在继续运动，这就会使身体的某一部分受到强烈的压力。或者说，正是由于受到了这样的“震动”，才使得体型巨大的物体受到了损伤。

比如，在《格列佛游记》中，如果小人国的1728个小人是从树上一个个地跳下来，它们可能只受到很小的伤害。但是，如果它们是成堆地跳下来，那么后来跳下来的人肯定会把前面的人压坏。而一个普通人的身材跟1728个小人差不多。另外，体积较小的动物在落下时，之所以不会受到损伤，还有另一个原因，那就是它们身体各个部分的

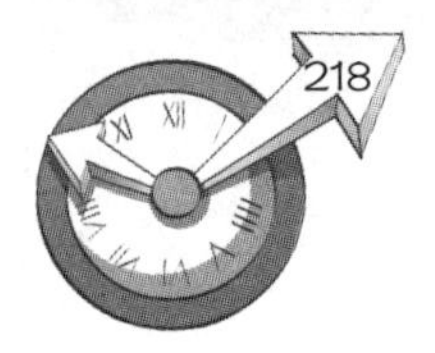

挠性很大。比如，很薄的杆子或板，它们在力的作用下很容易弯曲。跟一些巨大的哺乳类动物相比，昆虫的身长只有它们的几百分之一，所以通过弹性公式我们知道，在受到碰撞的时候，它们身体的各个部分可以很容易地弯曲到几百倍。同时，如果碰撞发生在几百倍长的路程上，其所产生的破坏效果也会以同样的倍数减小。

树木为什么无法长到天上去

德国有一句谚语："大自然很体贴，不让大树长到天上去。"下面，我们就来看一看，大自然是如何"体贴"大树的。

在正常条件下，一棵普通的树可以牢牢地支持自身的质量。现在，我们假设它的长度和直径都增大到原来的100倍。也就是说，这时候，树干的体积变成了原来的100^3倍，也就是1000000倍。这时，它的质量显然也变大到了相同的倍数。我们知道，树干的抗压力与它的截面积成正比，所以它的抗压力只增到原来的100^2倍，也就是10000倍。因此，树干每平方厘米截面上受到的负载就是原来的100倍。很明显，如果树干变成这么高后，它的几何形状还保持原来的样子，它就会被自己的质量压倒。所以，对于高大的树木来说，要想保持完整性，它的粗细与高度的比值应该比矮的树木大。但是，树干变粗的结果会使树的质量也相应增加，这样又会增加树干的负载。所以，大树的高度是有极限值的，如果超过了极限值，树干就会被压坏。这就是“不让大树长到天上去”的原因。

其实，麦秆的强度非常大，这一点常常让我们感到惊奇。以黑麦为例，它的麦秆直径只有3毫米，但是却可以长高到1.5米。在建筑体上的烟囱可能是我们经常能见到的最细最高的建筑物了，一般来说，烟囱的平均直径是5.5米，它的高度可以达到140米（是直径的26倍）。但是，黑麦麦秆的高度与直径的比值达到了500。当然，我们并不是想说，大自然的产物比我们人类的发明创造高明。通过计算可以得出，如果大自然想根据黑麦麦秆的这一关系造出一个高140米的管子，那么它的直径也要在3米左右，才能跟黑麦的麦秆一样结实，如图96所示。人类利用

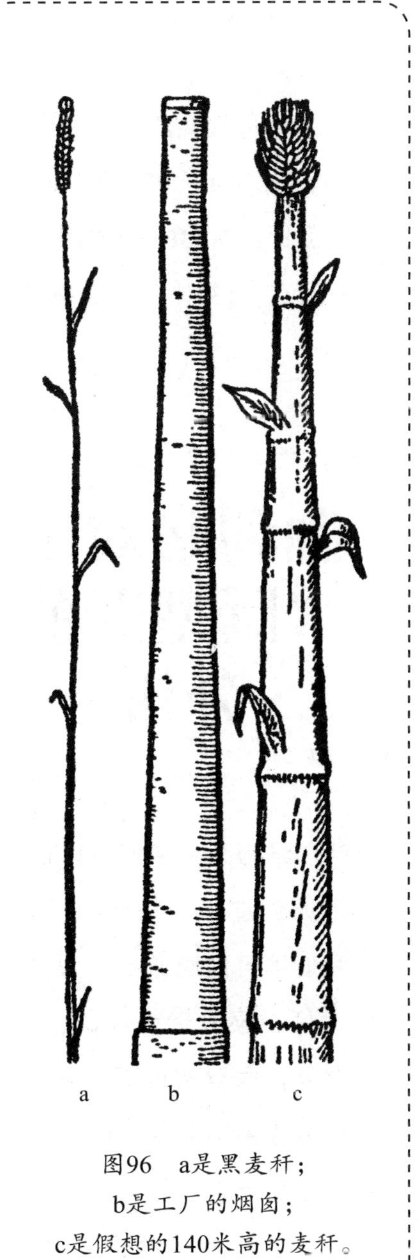

图96　a是黑麦秆；
b是工厂的烟囱；
c是假想的140米高的麦秆。

科学技术也可以实现。

从很多例子中，我们都可以得出这样的结论：植物高度的增加与它的粗细的增加并不是成一定的比例关系的。比如，黑麦的麦秆（一般高为1.5米）的长度是粗细的500倍；竹竿的长度（一般高为30米）与粗细的比值是130；松树（一般高为40米）的这个比值大概是42；桉树（一般高为130米）就更小了，大概是28……

伽利略对于“巨型”的分析

最后，我想从力学的奠基者——伽利略的代表作《关于托勒密和哥白尼两大世界体系的对话》中摘录一部分内容，作为本书的结尾。

萨尔维阿蒂：我们可以很容易地得出，不仅人类技术不可能无限增加他所创造出的物体的尺寸，就是大自然也无法做到这一点。比如，我们不可能建造出巨型的船只、宫殿以及庙宇，并且保证它们的桨、桅杆、梁或者铁箍，以及其他部分都可以牢固地维持自身的质量。此外，大自然也不可能存在巨型的树木，因为树上的枝干会在自己的重力作用下断落。同样的道理，也不可能存在巨型的人骨、马骨或者其他骨骼以维持自身的质量。如果动物的尺寸非常大，它们的骨骼就需要比一般的骨骼坚硬很多倍。否则的话，骨骼就应该有所变化，比如，在粗细上有相应的增加。但是这样的动物在构造和形状上，会让人觉得特别肥大。关于这一点，诗人阿利渥斯妥观察得非常敏锐，他在《狂暴的罗德兰》中这样描写巨人：

> 他高大的身材，使他的肢体变得非常粗，这让他看起来就像是个怪物。

图97向我们展示了这一比例关系：大骨头的长度是小骨头的3倍，但是它的粗度却要加大更多倍，才能像小骨头那样维持巨型身体的质量。如果巨人的巨型身体也保留普通人的肢体比例，就需要另一种材质的骨头。这种材质应该既轻便又坚固。否则，巨人身体的强度就会比普通人小得多。如果把尺寸加大，就可能使巨人的身体被自身质量压塌。反之，则是另一种情形。如果我们缩小身体的尺寸，身体（骨骼）的强度不但不会成比例减弱，还会相应地提高。比如，一只小狗完全可以背得动两三只同等大小的狗，但是，一匹马却不一定能够背得起一匹同样大小的马。

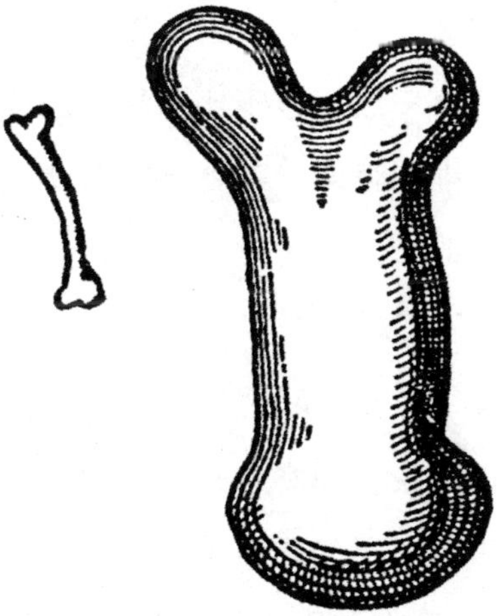

图97　大骨头的长度是小骨头的3倍时，两根骨头粗细的比例示意图。

辛普利丘：我有足够的理由怀疑您刚才所说的这些话是否正确。我们都知道，鱼类中有很多都身躯巨大，比如，**鲸鱼**。如果我没有记错的话，它的体积大概相当于10头巨象，但是它的身躯并没有被压坏啊！

鲸是哺乳类动物，但在伽利略的时代，人们将鲸归为鱼类。

萨尔维阿蒂：辛普利丘先生，您刚才的话提示我漏掉了一个条件。在这个条件下，巨人以及其他的巨型动物都可以生存，而且他们的行动力一点儿也不比体积小的动物差。这个条件就是：与其增加骨头的粗细和强度，不如减轻骨头的质量。其实，对于鱼类来说，大自然就采取了这一方法。而且，它不是把鱼类变得很轻，而是把鱼类的重力变没了。

辛普利丘：我知道您在说什么，萨尔维阿蒂先生。您是说，鱼类生活在水中，而水自身的浮力抵消了它里面的物体的重力，所以使得鱼类等在水里的重力消失了。在这种条件下，即便没有骨头的帮助，鱼类也可以承受自身的重力。但是，我觉得这还不够，因为虽然我们可以认为鱼类的骨头并没有起到承受其身体重力的作用，但是构成骨头的物质仍然有质量。您要如何证明那一根根像粗梁一样的鲸鱼肋骨没有任何重力，又要如何证明它不会沉到海里面去呢？按照您的说法，大自然中就不应该存在体型如此巨大的鲸鱼。

萨尔维阿蒂：我先问您一个问题，以便更好地反驳您的理论。在平静的死水中，您是否看到过既不下沉也不浮起、一动不动的鱼？

辛普利丘：我想所有人都看到过这一现象。

萨尔维阿蒂：这就是我要反驳您的证据：鱼可以停在水里面，一动不动。这一点正好说明了鱼类的整个身躯与水的比重是相等的。我们都知道，鱼的身体的某些部分是比水重的，那么我们就可以得出结论，肯定还有一些部分是比水轻的。因为只有这样，鱼才能保持平衡。如果骨头比水重，那么鱼肉或者它们其他的器官就可能比水轻。这些比较轻的部分平衡了骨头的重力。水生动物的情况正好跟陆生动物相反。对于陆生动物来说，它们是用骨头来承受骨头和肌肉重力的，而对于水生动物来说，它们除了用肌肉承受肌肉重力外，还要承受骨头的重力。所以，在水中，巨型动物可以生存下去，但是在陆上，这是根本无法实现的。

沙格列陀：我认为，萨尔维阿蒂先生的分析很正确，他刚才的问题以及关于这个问题的解答，是没有任何问题的。听了他的分析，我在想，如果我们把一条巨型鱼拖到岸上，那么它的骨头之间的联系很快就会断裂，它的整个身躯就会垮掉，它的生命根本维持不了多久。

感　谢

在本书的翻译过程中，得到了项静、尹万学、周海燕、项贤顺、张智萍、尹万福、杜义的帮助与支持，在此一并表示感谢。